# 你一定要懂的
# 数学知识

王贵水◎编著

北京工业大学出版社

**图书在版编目（CIP）数据**

你一定要懂的数学知识 / 王贵水编著. —北京：
北京工业大学出版社，2015.2（2021.5重印）
ISBN 978-7-5639-4177-3

Ⅰ.①你… Ⅱ.①王… Ⅲ.①数学—普及读物
Ⅳ.①O1-49
中国版本图书馆 CIP 数据核字（2014）第 303298 号

## 你一定要懂的数学知识

编　　著：王贵水
责任编辑：茹文霞
封面设计：泓润书装
出版发行：北京工业大学出版社
　　　　　（北京市朝阳区平乐园 100 号　邮编：100124）
　　　　　010-67391722（传真）　bgdcbs@sina.com
出 版 人：郝　勇
经销单位：全国各地新华书店
承印单位：天津海德伟业印务有限公司
开　　本：700 毫米×1000 毫米　1/16
印　　张：11.5
字　　数：125 千字
版　　次：2015 年 2 月第 1 版
印　　次：2021 年 5 月第 2 次印刷
标准书号：ISBN 978-7-5639-4177-3
定　　价：28.00 元

# 前　言

阿拉伯数字的由来是什么？哥德巴赫猜想为什么让人如此痴迷？谁发明的数字 0？有哪些有趣的数学短信？什么是数字和谐之美？古代有哪些数学名著？这些包罗万象的趣味知识，都可以归纳到数学常识的范畴。

历史上的每一个重大事件的背后都有数学的身影：牛顿的万有引力定律，无线电波的发现，爱因斯坦的相对论，达尔文的进化论等，都与数学思想有着密切的关联。可以说，数学在人类文明的进程中扮演着核心的作用。

但是，数学是平易近人的，是充满智慧的，掌握基本的数学知识，对我们的生活大有裨益。我们知道在"二战"中，盟军为减少海上战略物资遭德军潜艇的袭击，曾借用数学家的智慧设计海上运输方案，结果创造了一位数学家胜过一个师的奇迹。

在我们的日常生活中，从超市的标价秘密，到网络的搜索排序，再到日常消遣的扑克牌游戏等，都与数学息息相关。数学无处不在，是生活的影子。

本书阐述了数学中的多个必知知识，这些知识涵古涉今，内容深入浅出，既道理论，也讲实践，让我们对自己所处的世界有更加深刻的理解和认知。在这本书中，你会发现许多潜伏在我们身边的数学常识，体会到以前从未察觉到的无与伦比的数学美感。

当然，数学知识是一门大学问，其中包含的内容不是这本小书所能囊括的。本书中所介绍的这些数学知识，只是数学海洋中的沧海一粟，在这些知识的背后，还有更有趣的数学宝藏，等待着富有钻研精神和求知欲的读者去进一步挖掘和探索。

# 目　录

## 第四章　几何学

## 第五章　函数、逻辑与概率

## 第八章　数学史观与伟大的数学家

# 第一章

# 数 与 计 数

　　数起源于原始人类用来数数计数的记号。"数"的符号，是人类最伟大的发明之一，是人类精确描述事物的基础。在日常生活中，数通常出现在标记（如公路、电话和门牌号码）、序列的指标和代码上。计数亦称数数，算术的基本概念之一指数事物个数的过程。计数时，通常是手指着每一个事物，一个一个地数，口里念着正整数列里的数1，2，3，4，5等，和所指的事物进行一一对应，这种过程称为计数。

# 阿拉伯数字的由来

我们把计算数字 1，2，3，4，5，6，7，8，9，0 叫作"阿拉伯数字"。

实际上，这些数字并不是由阿拉伯人创造出来的，它源于印度。古代印度人创造了阿拉伯数字后，大约到了公元 7 世纪的时候，这些数字传到了阿拉伯地区。

在公元 750 年后的一年，有一位印度的天文学家拜访了巴格达王宫。他带来了印度制作的天文表，并把它献给了当时的国王。印度数字 1，2，3，4……以及印度式的计数法也正是在这个时候介绍给阿拉伯人的。由于印度数字和印度计数法既简单又方便，它的优点远远超过其他的计数法，所以很快由阿拉伯人广泛传播到欧洲各国。在印度产生的数字被称作"阿拉伯数字"的原因就在于此。

公元 13 世纪时，意大利数学家斐波那契写出了《计算之书》，在这本书里，他对阿拉伯数字做了详细的介绍。后来，这些数字又从阿拉伯地区传到了欧洲，欧洲人只知道这些数字是从阿拉伯地区传入的，所以便把这些数字叫作阿拉伯数字。再以后，这些数字又从欧洲传到世界各国。阿拉伯数字传入我国，大约是公元 13 到 14 世纪。由于我国古代有一种数字叫"筹码"，写起来比较方便，所以阿拉伯数字当时在我国没有得到及时的推广和运用。

20 世纪初，随着我国对外国数学成就的吸收和引进，阿拉伯数字在我国才开始慢慢使用，阿拉伯数字在我国推广使用仅有 100 多年的历史。

# 谁发明的数字 0

公元前 3000 年，印度河流域居民的数字就已经比较进步，并采用了十进位制的计算法。到吠陀时代（公元前 1400—前 543 年），雅利安人已意识到数字在生产活动和日常生活中的作用，创造了一些简单的、不完全的数字。公元前 3 世纪，印度出现了整套的数字，但各地的写法不一，其中典型的是婆罗门式，它的独到之处就是从 1 到 9 每个数都有专用符号，现代数字就是从它们中演变而来的。当时，"0"还没有出现。到了笈多时代（300—500 年）才有了"0"，叫"舜若"，表示方式是一个黑点"●"，后来演变成"0"。这样，一套完整的数字便产生了。这就是古代印度人民对世界文明的巨大贡献。

印度数字首先传到斯里兰卡、缅甸、柬埔寨等国。公元 7 到 8 世纪，随着地跨亚、非、欧三洲的阿拉伯帝国的崛起，阿拉伯人如饥似渴地汲取古希腊、罗马、印度等国的先进文化，大量翻译其科学著作。公元 771 年，印度天文学家、旅行家毛卡访问阿拉伯帝国阿拔斯王朝（750—1258 年）的首都巴格达，将随身携带的一部印度天文学著作《西德罕塔》献给了当时的哈里发曼苏尔（757—775 年），曼苏尔令翻译成阿拉伯文，取名为《信德欣德》。此书中有大量的数字，

因此称"印度数字"，原意即为"从印度来的"。

阿拉伯数学家花拉子密（约 780－850 年）和海伯什等首先接受了印度数字，并在天文表中运用。他们放弃了自己的 28 个字母，在实践中加以修改完善，并毫无保留地把它介绍给西方。9 世纪初，花拉子密发表《印度计数算法》，阐述了印度数字及应用方法。

印度数字取代了冗长笨拙的罗马数字，在欧洲传播，遭到一些基督教徒的反对，但实践证明印度数字优于罗马数字。1202 年意大利雷俄那多所发行的《计算之书》，标志着欧洲使用印度数字的开始。该书共 15 章，开章说："印度九个数字是：'9，8，7，6，5，4，3，2，1'，用这九个数字及阿拉伯人称作（零）的记号'0'，任何数都可以表示出来。"

14 世纪时中国的印刷术传到欧洲，更加速了印度数字在欧洲的推广应用，并逐渐为欧洲人所采用。西方人接受了经阿拉伯人传来的印度数字，但忘却了其创始人，称之为阿拉伯数字。

# 神奇的 5

"5"这个数在日常生活中到处可见，钞票面值有 5 元、5 角、5 分；秤杆上，表示 5 的地方刻有一颗星；在算盘上，一粒上珠代表 5；正常情况下，人的手有 5 个指头，每只脚有 5 个足趾；不少的花，如梅花、桃花都有 5 个花瓣；海洋中的一种色彩斑斓的无脊椎动物海星，它的肢体有 5 个分叉，呈五角星状。

总之，"5"这个数无所不在，当然数学本身不能没有它。

在数学上，平面上五个点确定一条圆锥曲线；5 阶以下的有限群一定是可交换群；一般的二次、三次和四次代数方程都可以用根式求解，但一般的五次方程就无法用根式来求解。5 还是一个素数，5 和它前面的一个素数 3 相差 2，这种差 2 的素数在数论中有个专门名词叫孪生素数。人们猜测孪生素数可能有无穷多，而 3 和 5 则是最小的一对孪生素数。

美国知名数学家马丁·加德纳曾描述过一个有趣的人物——矩形博士。

这位矩形博士是个美国人。他的妻子是日本人，但早已亡故，只留下一个混血种的女儿伊娃。他们父女两人相依为命。博士常带着女儿漂洋过海，闯荡江湖，在世界各地都有他们的足迹。

博士对数论、抽象代数有许多精辟之见。虽然他说的话乍一听似乎荒诞，可拿事实去验证他所说的离奇现象与规律时，却又发现博士的"预言"都是正确的。

有一次，博士来到印度的加尔各答。他说古道今，大谈无所不在的"5"。

博士指出，在印度的寺庙里，供奉着许多降魔金刚。信仰这些金刚的教派之中教义一共有 5 条，其中一条是所谓宇宙的永劫轮回说，即认为宇宙经过 500 亿年的不断膨胀后，又要经过 500 亿年的不断收缩。如此周而复始，循环不止。降魔金刚手中，还拿着宇宙膨胀初期的"原始火球"呢！在这里，博士曾几次提到 5 这个数字。

英国的向克斯曾把圆周率的小数值算到 707 位，以前这

被认为是一项了不起的工作。自从近代电子计算机发明后，他的工作简直不算一回事了。现在圆周率的纪录一再被打破，最新的记录是 100 万位，这是由法国人计算出来的。有意思的是，矩形博士在这项计算以前，就大胆地预言，他说第 100 万位数必定是个 5，结果真是如此！这究竟是用什么办法知道的呢？博士却秘而不宣。

矩形博士是否真有其人，我们且不去计较，可是这神奇的、无所不在的"5"却不能不引起人们的极大兴趣，引诱人们去探索和研究。

## 十进位值计数、珠算、筹算的历史

我国古代数学以计算为主，取得了十分辉煌的成就。其中十进位值制记数法、筹算和珠算在数学发展中所起的作用和显示出来的优越性，在世界数学史上也是值得称道的。

十进位值制记数法曾经被马克思（1818—1883 年）称为"最妙的发明之一"。

从有文字记载开始，我国的记数法就遵循十进制。殷代的甲骨文和西周的钟鼎文都是用一、二、三、四、五、六、七、八、九、十、百、千、万等字的合文来记十万以内的自然数的。例如二千六百五十六用甲骨文写作。六百五十九用钟鼎文写作。这种记数法含有明显的位值制意义。实际上，只要把"千"、"百"、"十"和"又"的字样取消，便和位值制记数法基本一样了。

春秋战国时期是我国从奴隶制转变到封建制的时期，生产的迅速发展和科学技术的进步提出了大量比较复杂的数字计算问题。为了适应这种需要，劳动人民创造了一种十分重要的计算方法——筹算。

现有的文献和文物证明筹算出现在春秋战国时期。例如"算"和"筹"二字出现在春秋战国时期的著作（如《仪礼》、《孙子》、《老子》、《法经》、《管子》、《荀子》等）中，甲骨文和钟鼎文中到现在仍没有见到这两个字。一、二、三以外的筹算数字最早出现在战国时期的货币（刀、布）上。《老子》提到："善计者不用筹策"，可见这时筹算已经比较普遍了。因此我们说筹算是完成于春秋战国时期。这并不否认在春秋战国时期以前就有简单的算筹记数和简单的四则运算。

关于算筹形状和大小，最早见于《汉书·律历志》。根据记载，"算筹是直径一分（合〇·二三厘米）、长六寸（合一三·八六厘米）的圆形竹棍，以二百七十一根为一'握'"。南北朝时期公元六世纪《数术记遗》和《隋书·律历志》记载的算筹，长度缩短，并且把圆的改成方的或扁的。这种改变是容易理解的：长度缩短是为了缩小布算所占的面积，以适应更加复杂的计算；圆的改成方的或扁的是为了避免圆形算筹容易滚动而造成错误。

根据文献的记载，算筹除竹筹外，还有木筹、铁筹、玉筹和牙筹，还有盛装算筹的算袋和算子筒。唐代曾经规定，文武官员必须携带算袋。1971 年 8 月中旬，在陕西宝鸡市千阳县第一次发现西汉宣帝时期（公元前 73—前 49 年）的骨制算筹 30 多根，大小长短和《汉书·律历志》的记载基本相

同。1975 年上半年在湖北江陵凤凰山 168 号汉墓又发现西汉文帝时期（公元前 179—前 157 年）的竹制算筹一束，长度比千阳县发现的算筹稍大一点。1980 年 9 月，在石家庄市又发现东汉初期（公元 1 世纪）的骨制算筹约 30 根，长度和形状同《隋书·律历志》的记载相近，这说明算筹长度和形状的改变早在东汉初期已经开始。算筹的出土，为研究我国数学发展史提供了可贵的实物资料。

筹算是以算筹作工具，摆成纵式的和横式的两种数字，按照纵横相间（"一纵十横，百立千僵"）的原则表示任何自然数，从而进行加、减、乘、除、开方以及其他的代数计算。

筹算一出现，就严格遵循十进位值制记数法。九以上的数就进一位，同一个数字放在百位就是几百，放在万位就是几万。

筹算在我国古代用了大约 2000 年，在生产和科学技术以及人民生活中，发挥了重大的作用。但是它的缺点也是十分明显的：首先，在室外拿着一大把算筹进行计算就很不方便；其次，计算数字的位数越多，所需要的面积越大，受环境和条件的限制；此外，当计算速度加快的时候，很容易由于算筹摆弄不正而造成错误。随着社会的发展，计算技术要求越来越高，筹算需要改革，这是势在必行的。这个改革从中唐以后的商业实用算术开始，经宋元出现大量的计算歌诀，到元末明初珠算的普遍应用，历时 700 多年。《新唐书》和《宋史·艺文志》记载了这个时期出现的大量著作。由于封建统治阶级对民间数学十分轻视，以致这些著作的绝大部分已经失传。从遗留下来的著作中可以看出，筹算的改革是从筹算的简化开始而不是从工具改革开始的，这个改革最后导致珠算的出现。

现存文献中最早提到珠算盘的是明初的《对相四言》。明代中期公元 15 世纪中叶《鲁班木经》中有制造珠算盘的规格："算盘式：一尺二寸长，四寸二分大。框六分厚，九分大……线上二子，一寸一分；线下五子，三寸一分。长短大小，看子而做。"把上二子和下五子隔开的不是木制的横梁，而是一条线。比较详细地说明珠算用法的现存著作有徐心鲁的《盘珠算法》（1573 年）、柯尚迁的《数学通轨》（1578 年）、朱载堉的《算学新说》（1584 年）、程大位的《算法统宗》（1592 年）等，以程大位的著作流传最广。

珠算还传到朝鲜、日本等国，对这些国家的计算技术的发展曾经起过一定的作用。日本人在 17 世纪中叶，在中国算盘的基础上，改成梁上一珠、珠作棱形的日本算盘。

# 最早的记数法

根据《易经》记载，上古时期的先民们为了记事表数，"结绳而治"，即在绳子上打结，用绳结代表数字。这种记数方法，事实上应用相当广，早在公元 1500 年前，美洲的印第安人就用在绳子上打结的办法，记录到底收获了多少捆庄稼。

据说，在古代波斯，有一次，国王命令他的将士守卫一座桥梁，60 天之内决不能放弃，为了表示这个数字，波斯王用一根皮绳打了 60 个结，并告诉士兵：你们过完一天可以解

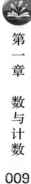

一个结，等到全解完了，任务就完成了。

另外，刻痕记数的产生可能更早，5000 年以前，黄河流域和古埃及的人们都曾使用过这种办法。1937 年，在摩拉维亚，人们发现一根旧石器时代狼的桡骨，上面刻有 55 道痕迹，人们认为这是远古人类所为，可以说，这是迄今为止发现的用刻痕方法记数的最早例证了。

## 记录工具的出现

数字的记录和长期保存离不开记录的工具。但是，记录工具的发明和改进是一个非常漫长的过程。我们现在常用的机器制造的纸张只有 100 多年的历史。以前的手工制作的纸是非常昂贵和难以得到的，即使是这种纸也是在 12 世纪才传到欧洲，虽然聪明的中国古人早在 1000 多年前就已经掌握了这一门技术。

但是，古人为了满足自己记录的需要，也想办法创造了一些工具。一种早期类似纸的书写材料，称为纸草片，是古代埃及人发明的。而且，在公元前 650 年左右，已经传入希腊，它是一种叫作纸草的芦苇做的。把芦苇的茎切成一条条细长的薄片，并排合成一张，一层层地往上放，完全用水浸湿，再将水挤压出来，然后放到太阳底下晒干。也许由于植物中含有天然胶质，几层会粘到一起，在纸草片干了以后，再用圆的硬东西用力把它们压平，这样就能书写了。用纸草片打草稿，就是一小片，也要花不少钱。

另一种早期的书写材料是羊皮纸，是用动物（通常是羊和羊羔）皮做的。自然，这是稀有和难得的。更昂贵的是一种用牛犊皮做的仿羊皮纸，称作犊皮纸。事实上，羊皮纸已经是非常昂贵的了。以致中世纪出现一种习惯：洗去老羊皮手稿上的墨迹，然后再用。这样的手稿，现在被称作重写羊皮纸。有这样的情况：在若干年后，重写羊皮纸文件上最初写的原稿又模糊地出现了。一些有趣的修复就是这样做成的。

大约2000年以前，罗马人的书写用品是涂上薄薄一层蜡的小木板和一支硬笔。在罗马帝国之前和罗马帝国时代，常用沙盘进行简单的计算和画几何图形。要推测更早的记录工具，也并不困难。因为，毫无疑问，人们很早就用石头和黏土做书写记录工具了。

## 最大数字的表示法

在古代人的心目中，对那些很大的数目字，如天上星星的颗数，岸边砂子的粒数，一场倾盆大雨落下的雨滴数等，他们无以名之，只好笼统地说是"不计其数"了。

首先提出记述庞大数字的人是公元前3世纪古希腊的数学家兼物理学家阿基米德，他在其名著《数沙者》中所提出的方法，同现代表达大数目字的方法很类似。

他从当时古希腊算术中最大的数"万"开始，引进一个新数"万万"（亿）作为第二阶单位，然后是"亿亿"（第三阶单位）、"亿亿亿"（第四阶单位）等。

印度的大乘佛教中也有许多表示巨大数字的名称，如"恒河沙"、"那由他"等，最大的一个名叫"阿僧抵"，据说相当于 $10^{110}$。

在英文中通常用"centillion"表示最大的数字，其意思就是在 1 的后面再加 600 个零。较此更大的数便得用文字来说明。有人还设计出一个单词"milli—millimillillion"，其意为 10 的 60 亿次方，也可叫"Megiston"。但是因为这个数字实在太庞大了，所以已经没有什么实质的意义。目前可观察到的这部分宇宙（即总星系）中，质子和中子的全部总数也不过是 $10^{80}$ 而已！已故的美国哥伦比亚大学教授、数学家爱德华·卡斯纳创立了一个表示大数的词，叫作"gogul"，它相当于 $10^{100}$，从 $10^{10}$ 到 $10^{100}$ 则称为"gogul 群"。

在数学界已为人相当熟悉的最大数字，根据其创立者的姓，取名为"Skewes"，这个数是 10 的 10 次方的 10 次方的 3 次方。首先提出的人史丘斯（Skewes）现系南非开普敦大学教授，他于 1933 年及 1955 年在两篇有关素数的论文中提到过它。

# 第二章

# 数位系统

不同计数单位，按照一定顺序排列，它们所占位置叫作数位。在整数中的数位是从右往左，逐渐变大：第一位是个位，第二位是十位，第三位是百位，第四位是千位，第五位是万位，第六位是十万位，第七位是百万位，第八位是千万位，以此类推。同一个数字，由于所在数位不同，计数单位不同，所表示数值也就不同。

# 负数的由来

据史料记载，早在 2000 多年前，中国就有了正负数的概念，掌握了正负数的运算法则。人们计算的时候用一些小竹棍摆出各种数字来进行计算。比如，356 摆成 ∣∣∣，3056 摆成 ∣∣∣∣ 等。这些小竹棍叫作"算筹"，算筹也可以用骨头和象牙来制作。

中国三国时期的学者刘徽在建立负数的概念上有重大贡献。刘徽首先给出了正负数的定义，他说："今两算得失相反，要令正负以名之。"意思是说，在计算过程中遇到具有相反意义的量，要用正数和负数来区分它们。刘徽第一次给出了区分正负数的方法。他说："正算赤，负算黑；否则以斜正为异。"意思是说，用红色的小棍摆出的数表示正数，用黑色的小棍摆出的数表示负数；也可以用斜摆的小棍表示负数，用正摆的小棍表示正数。

中国古代著名的数学专著《九章算术》（成书于公元 1 世纪）中，最早提出了正负数加减法的法则："正负数曰：同名相除，异名相益，正无入负之，负无入正之；其异名相除，同名相益，正无入正之，负无入负之。"这里的"名"就是"号"，"除"就是"减"，"相益"、"相除"就是两数的绝对值"相加"、"相减"，"无"就是"零"。用现在的话说就是："正负数的加减法则是：同符号两数相减，等于其绝对值相减，异号两数相减，等于其绝对值相加。零减正数得负数，零减负数得正数。异号两数相加，等于其绝对值相减，同号两数相加，等于其绝对值相加。零加正数等于正数，零加负数等于负数。"

负数的引入是中国数学家杰出的贡献之一。用不同颜色的数表示正负数的习惯，一直保留到现在。现在一般用红色表示负数，报纸上登载某国经济上出现赤字，表明支出大于收入，财政上亏了钱。负数是正数的相反数。在实际生活中，我们经常用正数和负数来表示意义相反的两个量。夏天武汉气温高达42℃，你会想到武汉的确像火炉，冬天哈尔滨气温−32℃，一个负号让你感到北方冬天的寒冷。

在现今的中小学教材中，负数的引入是通过算术运算的方法引入的：只需以一个较小的数减去一个较大的数，便可以得到一个负数。这种引入方法可以在某种特殊的问题情境中给出负数的直观理解。而在古代数学中，负数常常是在代数方程的求解过程中产生的。对古代巴比伦的代数研究发现，巴比伦人在解方程中没有提出负数根的概念，即不用或未能发现负数根的概念。3世纪的希腊学者丢番图的著作中，也只给出了方程的正根。然而，在中国的传统数学中，已较早形成负数和相关的运算法则。

除《九章算术》定义有关正负运算方法外，东汉末年刘洪（公元206年）、宋代杨辉（1261年）也论及了正负数加减法则，都与《九章算术》所说的完全一致。特别值得一提的是，元代朱世杰在《算法启蒙》中除了明确给出了正负数同号异号的加减法则外，还给出了关于正负数的乘除法则。负数在国外得到认识和被承认，较之中国要晚得多。在印度，数学家婆罗摩笈多于公元628年才认识负数可以是二次方程的根。而在欧洲14世纪最有成就的法国数学家丘凯把负数说成是荒谬的数。直到17世纪荷兰人日拉尔（1629年）才首先认识和使用负数解决几何问题。

　　与中国古代数学家不同，西方数学家更多的是研究负数存在的合理性。16、17世纪欧洲大多数数学家不承认负数是数。帕斯卡认为从0减去4是纯粹的胡说。帕斯卡的朋友阿润德提出一个有趣的说法来反对负数，他说（－1）：1＝1：（－1），那么较小的数与较大的数的比怎么能等于较大的数与较小的数比呢？直到1712年，连莱布尼兹也承认阿润德的这种说法合理。英国著名代数学家德·摩根在1831年仍认为负数是虚构的。他用以下的例子说明这一点："父亲56岁，其子29岁。问何时父亲年龄将是儿子的二倍？"他列方程 $56＋x＝2（29＋x）$，并解得 $x＝－2$。他称此解是荒唐的。当然，欧洲18世纪排斥负数的人已经不多了。随着19世纪整数理论基础的建立，负数在逻辑上的合理性才真正建立。

# 哥德巴赫猜想

　　多年以前一篇题为《哥德巴赫猜想》的报告文学发表后，让中国的老百姓认识了中国数学家陈景润，同时也知道了哥德巴赫猜想。这个猜想让世界许多国家的数学家呕心沥血。

　　哥德巴赫猜想是德国数学家哥德巴赫于1742年在给瑞士大数学家欧拉的一封信中提出的一个关于整数表示为素数之

和的猜想。这个猜想经过 250 多年许多世界顶尖的数学家的努力，至今还没有最终解决。现在保持世界领先成果的是中国数学家陈景润的（1＋2）证明。

哥德巴赫猜想说的是什么呢？它说明的是每一个不小于 6 的偶数可表示为两个奇素数之和。如果我们把一个大偶数可表示为一个素数和一个素因子的个数不超过 P 的整数之和的命题简记为（1＋P）的话，哥德巴赫猜想则可简记为（1＋1），即一个大的偶数可表为两个素数之和。

有数学家验证了对于不大于 $5 \times 10^8$ 的偶数，哥德巴赫猜想是对的，所以只要证明对充分大的偶数哥德巴赫猜想是对的。对这个猜想的研究到 20 世纪 20 年代才出现重要的进展。1947 年匈牙利数学家瑞尼证明了（1＋P），但他无法给出 P 的上界，按他的方法计算将是个天文数字；1962 年山东大学的潘承洞院士独立地推出了关于算术数列中素数分布的一条中值定理，从而证明了（1＋5），这个突破是至关重要的，因为中值定理的改进对猜想的证明是关键；随后王元院士、潘承洞院士和苏联数学家巴尔巴恩证明了（1＋4）；1965 年苏联数学家维诺格拉多夫又推出（1＋3）；1966 年陈景润院士在《科学通报》上声明他已证明（1＋2），并于 1973 年将证明的全文发表在《中国科学》上。从上可见，试图解决哥德巴赫猜想的过程真是个世界级数学竞赛，而且这个竞赛还没有结束。

数学的证明是建立在严密的逻辑推演之上的，而不是可通过描述性的说明来完成。哥德巴赫猜想的叙述是简单明了的，但从解决这个猜想的历史来看，它无疑是个世界级难题，要最终解决这个猜想需要现代数学的手段。谁来走

（1＋2)到（1＋1）这最后的一步呢？21 世纪的我们在等待着。

## 无理数的发现

对毕达哥拉斯而言，当时的数学知识只能认识到整数，虽然分数总可以用正数表达。数学之美在于有理数能解释一切自然现象。这种起指导作用的哲学观使毕氏对无理数的存在视而不见，甚至导致他的一个学生被处死。

毕达哥拉斯的学生希帕索斯，他试图找出根号 2 的等价分数，最终他认识到根本不存在这个分数，也就是说根号 2 是无理数，希帕索斯对这发现喜出望外，但是他的老师毕氏却不悦。

希帕索斯在研究勾股定理时，发现了一种新的数，而这种数是不符合他老师的宇宙理论的。希帕索斯发现，如果直角三角形两条直角边都为 1，那么，它的斜边的长度就不能归结为整数或整数之比（应该是一个无理数）。更令毕达哥拉斯啼笑皆非的，是希帕索斯居然用数学方法证实了这种新数存在的合理性，而证明的方法——归谬法，又是毕达哥拉斯学派常用的。

因为毕氏已经用有理数解释了天地万物，无理数的存在会引起对他信念的怀疑。希帕索斯经洞察力获致的成果一定经过了一段时间的论证和深思熟虑，毕氏本应接受这新数源。然而，毕氏始终不愿承认自己的错误，却又无法经由逻辑推理推翻希帕索斯的论证。

这一发现实际上是推翻了教派原来的论断，触犯了这个学派的信条。他们不许希帕索斯泄露存在根号2（即无理数）的秘密，但是天真的希帕索斯在无意中向别人谈到了他的发现。后来毕达哥拉斯教派为了维护教派的信条，以破坏教规为理由将希帕索斯装进大口袋扔进了大海。希帕索斯因为发现了根号2"无理数"的存在，为揭示了一个科学的真理而付出了生命的代价。这是数学史上一个最著名的悲剧。

可以想象，毕达哥拉斯学派受到了多么沉重的打击。小小的根号2竟然动摇了他们惨淡经营的宇宙理论。怎么办？毕达哥拉斯的可悲，在于他不敢直视这个新的数学问题，而是企图借助宗教信条来维护他的权威。他搬出学派的誓言，扬言要严惩敢于"泄密"的人。然而，真理从来就不是权力的奴仆，真理的声音是谁也封锁不了的。渐渐地，有一种新的数存在的消息传扬了出去。后来，欧几里得以反证法证明了根号2是无理数。

然而像根号2这样的"无理数"存在的事实，却不可能一扔了之，由此引发了数学史上第一次危机，也带来了数学思想上一次大的飞跃。认识无理数的存在告诉我们，矛盾的存在说明人的认识还具有某种局限性，需要有新的思想和理论来解释。我们只有突破固有思维模式的束缚，才能开辟新的领域和方向，科学才能够继续发展。

科学无止境，认识无禁区，那些事先为科学设定条条框框的，最后将变成阻碍科学进步的阻力，必然被时代所抛弃。

这类无理数的发现，是数学史上一个重要的发现。希帕

第二章 数位系统

索斯为此献出了生命，但我们欣喜地看到，数学却因此又前进了一步。


# 分　　数


分数的历史，得从 3000 多年前的埃及说起。

3000 多年前，古埃及为了在不能分得整数的情况下表示数，用特殊符号表示分子为 1 的分数。2000 多年前，中国有了分数，但是，秦汉时期的分数的表现形式跟现在不一样。后来，印度出现了和我国相似的分数表示法。再往后，阿拉伯人发明了分数线，今天分数的表示法就由此而来。

200 多年前，瑞士数学家欧拉，在《通用算术》一书中说，要想把 7 米长的一根绳子分成 3 等份是不可能的，因为找不到一个合适的数来表示它。如果我们把它分成 3 等份，每份是 7/3 米，像 7/3 就是一种新的数，我们把它叫作分数。

分数这个名称直观而生动地表示这种数的特征。例如，一个西瓜 4 个人平均分，不把它分成相等的 4 块行吗？从这个例子就可以看出，分数是度量和数学本身的需要——除法运算的需要而产生的。

最早使用分数的国家是中国。我国古代有许多关于分数的记载。在《左传》一书中记载：春秋时代，诸侯的城池，最大不能超过周国的 1/3，中等的不得超过 1/5，小的不得超过 1/9。

秦始皇时期，拟定了一年的天数为三百六十五又四分之一天。

《九章算术》是我国1800多年前的一本数学专著，其中第一章《方田》里就讲了分数四则算法。

在古代，中国使用分数比其他国家要早出1000多年，所以说中国有着悠久的分数历史。

最简分数化小数是先看分母的素因数有哪些，如果只有2和5，那么就能化成有限小数，如果不是，就不能化成有限小数。不是最简分数的一定要约分方可判断。

有限小数化分数，小数部分有几个零就有几位分母。例：0.45＝45/100＝9/20。

如是纯循环小数，循环节有几位，分母就有几个9。例：0.3（3循环）＝3/9＝1/3。

如是混循环小数，循环节有几位，分母就有几个9；不循环的数字有几位，9后面就有几个0，分子是第二个循环节以前的小数部分组成的数与小数部分中不循环部分组成的数的差。例：0.12（2循环）＝（12－1）/90＝11/90。

注意：最后一定要约分。

π

圆周率（π，读作 pài）是一个常数（约等于3.141 592 654），是代表圆周长和直径的比值。它是一个无理数，即无限不循环小数。在日常生活中，通常都用3.14代表圆周率去进行近似计算。而用十位小数3.141 592 654便足以应付一般计算。即使是工

程师或物理学家要进行较精密的计算，充其量也只需取值至小数点后几百位。

π 是第十六个希腊字母的小写。π 这个符号，亦是希腊语 περιφρεια（表示周边、地域、圆周等意思）的首字母。1706 年英国数学家威廉·琼斯（William Jones，1675－1749 年）最先使用"π"来表示圆周率。1736 年，瑞士大数学家欧拉也开始用 π 表示圆周率。从此，π 便成了圆周率的代名词。

要注意不可把 π 和其大写 Π 混用，后者是指连乘的意思。

π 一般定义为一个圆形的周长 $C$ 与直径 $d$ 之比：$π = C/d$。

由相似图形的性质可知，对于任何圆形，$C/d$ 的值都是一样。这样就定义出常数 π。

第二个做法是，以圆形半径为边长作一正方形，然后把圆形面积和此正方形面积的比例定为 π，即圆形之面积与半径平方之比。

定义圆周率不一定要用到几何概念，比如，我们可以定义 π 为满足 $\sin x = 0$ 的最小正实数 $x$。

这里的正弦函数定义为幂级数。

## 完　全　数

如果一个数恰好等于它的因子之和，则称该数为"完全数"。各个小于它的约数（真约数，列出某数的约数，去掉该数本身，剩下的就是它的真约数）的和等于它本身的自然数叫作完全数，又称完美数或完备数。

例如：第一个完全数是 6，它有约数 1、2、3、6，除去它本身 6 外，其余 3 个数相加，1＋2＋3＝6。第二个完全数是 28，它有约数 1、2、4、7、14、28，除去它本身 28 外，其余 5 个数相加，1＋2＋4＋7＋14＝28。第三个完全数是 496，有约数 1、2、4、8、16、31、62、124、248、496，除去其本身 496 外，其余 9 个数相加，1＋2＋4＋8＋16＋31＋62 ＋ 124 ＋ 248 ＝ 496。后面的完全数还有 8128、33 550 336等。

## 小数点的作用

俗话说："失之毫厘，谬以千里。"如果算错了一个小数点，或看错了一个小数点，那么就后患无穷了。

美国一位老人，靠养老金维持生计。一次他做完了一个小手术后，医院通知单上写着已欠款 63 440 美元。他看到后心脏病复发，倒地身亡。医院后来发现，由于工作人员粗心，看错了小数点，要了一条人命。

小数点可以让数字变大或变小。拿 98 来说，小数点只要在 98 前或 98 中间，98 立即就变成 0.98 或是 9.8。再说 36，小数点只要再往前站两位或再往后站一位，36 就变成了 0.036 或 360。

小数点不仅在军事、科学、航空航天中起着举足轻重的作用，也与我们的日常生活密不可分。在卖菜中也会时常出现小数点，文具店、超市、餐厅的标签上，都会用到小数点。没有了小数点，1.5 元的东西会成为 15 元，9.90 元的物品会变为 990 元。

　　大家一定不要忽略了小数点，要知道如果没有了小数点，我们的生活一定会混乱不堪的。

# 第三章

## 算数与代数

算术是数学中最古老、最基础和最初等的部分。它研究数的性质及其运算。把数和数的性质、数和数之间的四则运算在应用过程中的经验累积起来，并加以整理，就形成了最古老的一门数学——算术。在古代，全部数学就叫作算术，现代的代数学、数论等最初就是由算术发展起来的。后来，算学、数学的概念出现了，它代替了算术的含义，包括了全部数学，算术就变成了一个分支了。

# 代　　数

在古代，当算术里积累了大量的关于各种数量问题的解法后，为了寻求有系统的、更普遍的方法，以解决各种数量关系的问题，就产生了以解方程的原理为中心问题的初等代数。

如果我们对代数符号不是要求像现在这样简练，那么，代数学的产生可上溯到更早的年代。

西方人将公元前 3 世纪古希腊数学家丢番图看作是代数学的鼻祖，而真正创立代数的则是古阿拉伯帝国时期的伟大数学家穆罕默德·伊本·穆萨（我国称为"花剌子密"，780－850 年）。而在中国，用文字来表达的代数问题出现的时间就更早了。

代数的起源可以追溯到古巴比伦的时代，当时的人们发展出了较之前更进步的算术系统，使其能以代数的方法来做计算。经由此系统的被使用，他们能够列出含有未知数的方程并求解，这些问题在现在一般是使用线性方程、二次方程和不定线性方程等方法来解答的。相对地，这一时期大多数的埃及人及公元前 1 世纪大多数的印度、希腊和中国等数学家则一般是以几何方法来解答此类问题的，如在《兰德数学纸草书》、《绳法经》、《几何原本》及《九章算术》等书中所描述的一般。希腊在几何上的工作，以几何原本为其经典，提供了一个将解特定问题解答的公式广义化成描述及解答方程之更一般的系统之架构。

代数更进一步发展的另一个关键事件在于三次及四次方程的一般代数解，其发展于16世纪中叶。行列式的概念发展于17世纪的日本数学家关孝和手中，并于十年后由莱布尼茨继续发展着，其目的是为了以矩阵来解出线性方程组的答案来。加布里尔·克拉默也在18世纪时在矩阵和行列式上做了一样的工作。抽象代数的发展始于19世纪，一开始专注在今日称为伽罗瓦理论及规矩数的问题上。

复杂的运算初等代数的中心内容是解方程，因而长期以来都把代数学理解成方程的科学，数学家们也把主要精力集中在方程的研究上。它的研究方法是高度计算性的。

要讨论方程，首先遇到的一个问题是如何把实际中的数量关系组成代数式，然后根据等量关系列出方程。所以初等代数的一个重要内容就是代数式。由于事物中的数量关系的不同，大体上初等代数形成了整式、分式和根式这三大类代数式。代数式是数的化身，因而在代数中，它们都可以进行四则运算，服从基本运算定律，而且还可以进行乘方和开方两种新的运算。通常把这六种运算叫作代数运算，以区别于只包含四种运算的算术运算。

在初等代数的产生和发展的过程中，通过解方程的研究，也促进了数的概念的进一步发展，将算术中讨论的整数和分数的概念扩充到有理数的范围，使数包括正负整数、正负分数和零。这是初等代数的又一重要内容，就是数的概念的扩充。

有了有理数，初等代数能解决的问题就大大地扩充了，但是，有些方程在有理数范围内仍然没有解。于是，数的概念再一次扩充到了实数，进而又进一步扩充到了复数。

数学家们说不用把复数再进行扩展。这就是代数里的一个著名的定理——代数基本定理。这个定理简单地说就是 $n$ 次方程有 $n$ 个根。1742 年 12 月 15 日瑞士数学家欧拉曾在一封信中明确地做了陈述，后来另一个数学家、德国的高斯在 1799 年给出了严格的证明。


# 珠　算


中国是算盘的故乡。珠算之名最早见于 1800 多年汉朝徐岳撰写的《数术记遗》。不过，那个时候的算盘运算法与今天还是有很大区别的。

宋代《清明上河图》中，可以清晰地看到"赵太承家"药店柜台上放着一把算盘。现代珠算起源于元明之间。元朝朱世杰的《算学启蒙》载有的 36 句口诀，即与今天的大致相同。明朝时逐步传入日本、朝鲜、泰国等地。元代刘因（1249—1293 年）《静修先生文集》中有题为《算盘》的五言绝句。元代画家王振鹏《乾坤一担图》（1310 年）中有一算盘图。元末陶宗仪《南村辍耕录》（1366 年）卷二十九"井珠"条中有"算盘珠"比喻。记载了一段有趣的俗谚："凡纳婢仆，初来时曰擂盘珠，言不拨自动；稍久曰算盘珠，言拨之则动；既久曰佛顶珠，言终日凝然，虽拨亦不动。"把这里的"婢仆"换成职能部门的某些工作人员，同样适用。元曲中也提到"算盘"。由这些实例，可知宋代已应用珠算。

明代商业经济繁荣，在商业发展需要条件下，珠算术普遍得到推广，逐渐取代了筹算。现存最早载有算盘图的书是明洪武四年（1371年）新刻的《魁本对相四言杂字》。现存最早的珠算书是闽建（福建建瓯市）徐心鲁订正的《盘珠算法》（1573年）。流行最广，在历史上起作用最大的珠算书则是明朝程大位编的《算法统宗》。国务院已将"算盘"列入第二批国家级非物质文化遗产目录。

2013年10月31日联合国教科文组织公布了2013年《人类非物质文化遗产代表作》备选名单，中国的珠算位列其中。

2013年12月4日，联合国教科文组织在阿塞拜疆首都巴库通过，珠算正式成为人类非物质文化遗产。这也是我国第30项被列为非遗的项目。

## 九九乘法歌诀

《九九乘法歌诀》，又常称为"小九九"。学生学的"小九九"口诀，是从"一一得一"开始，到"九九八十一"止。而在古代，却是倒过来，从"九九八十一"起，到"一一得一"止。因为口诀开头两个字是"九九"，所以，人们就把它简称为"九九"。

中国使用"九九口诀"的时间较早。在《荀子》、《管子》、《淮南子》、《战国策》等书中就能找到"三九二十七"、"六八四十八"、"四八三十二"、"六六三十六"等句子。由此可见，早在春秋战国时期，《九九乘法歌诀》就已经开始流行了。

九九表，又称九九歌、九因歌，是中国古代筹算中进行乘法、除法、开方等运算中的基本计算规则，沿用到今日，已有 2000 多年。小学初年级学生、一些学龄儿童都会背诵。不过欧洲直到 13 世纪初还不知道这种简单的乘法表。

西方文明古国的希腊和巴比伦，也有发明的乘法表，不过比九九表繁杂些。巴比伦发明的希腊乘法表有 1700 多项，而且不够完全。由于在 13 世纪之前他们计算乘法、除法十分辛苦，所以能够除一个大数的人，会被人视若数学专家。13 世纪之初，东方的计算方法通过阿拉伯人传入欧洲，欧洲人发现了它的方便之处，所以学习这个新方法。当时，用新方法乘两个数这类题目，是当时大学的教材。

春秋战国时代不但发明了十进位制，还发明了九九表。后来东传入高丽、日本，经过丝绸之路西传入印度、波斯，继而流行全世界。十进位制和九九表是古代中国对世界文化的一项重要的贡献。今日世界各国较少使用希腊等国的乘法。

在中国，目前发现的最早的乘法口诀表实物是 2002 年在湘西里耶古城出土的 3 万多枚秦简中的一枚，上面详细记录了乘法口诀。与今天乘法口诀表不同的是秦简上的口诀表不是从"一一得一"开始的，而是从"九九八十一"开始，到"二半而一"结束。

# 百　分　比

百分比，又称百分率、百分数（符号为％），是一种表达比例、比率或分数数值的方法，使用 100 作为分母。举例：1％，即表示百分之一。

生活中就存在着很多百分数。如每天在电视里的天气预报节目中，都会报出当天晚上和明天白天的天气状况、降水概率等，提示大家提前做好准备，就像今天的夜晚的降水概率是20％，明天白天有五到六级大风，降水概率是 10％，早晚应增加衣服。20％、10％让人一目了然，还有牛奶盒上营养成分表中的蛋白质、碳水化合物等都用百分数表示，既清楚又简练。

又如，随着 21 世纪科技的飞速发展，21 世纪几乎每个人都配备手机，款式多种多样。伦敦大学皇家学院心理学家格伦.威尔森研究证明：老是低着头看短信，会导致工作效率低下，工作人员的大脑反应能力也会减慢，经常看短信的人智商会下降 10％，以百分数的形式再次证明了手机虽为人们提供了方便，但对人体健康却十分有害。

# 亲　和　数

人和人之间讲友情，有趣的是，数与数之间也有相类似的关系，数学家把一对存在特殊关系的数称为"亲和数"。

常言道，知音难觅，寻找亲和数更使数学家绞尽了脑汁。亲和数是数论王国中的一朵小花，它有漫长的发现历史和美丽动人的传说。

亲和数是一种古老的数。

据说，毕达哥拉斯（约公元前 580—前 500 年）的一个门徒向他提出这样一个问题："我结交朋友时，存在着数的作用吗？"毕达哥拉斯毫不犹豫地回答："朋友是你的灵魂的倩影，要像 220 和 284 一样亲密。"又说："什么叫朋友？就像这两个数，一个是你，另一个是我。"后来，毕氏学派宣传说：人之间讲友谊，数之间也有"相亲相爱"。从此，把 220 和 284 叫作"亲和数"，或者叫"朋友数"，或叫"相亲数"。这就是关于"亲和数"这个名称来源的传说。220 和 284 是人类最早发现，又是最小的一对亲和数。

距离第一对亲和数诞生 2500 多年以后，历史的车轮转到 17 世纪。1636 年，法国"业余数学家之王"费尔马找到第二对亲和数 17 296 和 18 416，重新点燃寻找亲和数的火炬，在黑暗中找到光明。两年之后，"解析几何之父"——法国数学家笛卡尔于 1638 年 3 月 31 日也宣布找到了第三对亲和数 9 437 056 和 9 363 584。费马和笛卡尔在两年的时间里，打破了 2000 多年的沉寂，激起了数学界重新寻找亲和数的波涛。

在 17 世纪以后的岁月，许多数学家投身到寻找新的亲和数的行列，他们企图用灵感与枯燥的计算发现新大陆。可是，无情的事实使他们省悟到自己已经陷入了一座数学迷宫，不可能出现法国人的辉煌了。

正当数学家们真的感到绝望的时候，平地又起了一声惊雷。1747年，年仅39岁的瑞士数学家欧拉竟向全世界宣布：他找到了30对亲和数，后来又扩展到60对，不仅列出了亲和数的数表，而且还公布了全部运算过程。

欧拉采用了新的方法，将亲和数划分为五种类型加以讨论。欧拉超人的数学思维，解开了令人止步2500多年的难题，使数学家拍案叫绝。

时间又过了120年，到了1867年，意大利有一个爱动脑筋、勤于计算的16岁中学生帕格尼尼，竟然发现数学大师欧拉的疏漏——让眼皮下的一对较小的亲和数1184和1210溜掉了。这戏剧性的发现使数学家如痴如醉。

在以后的半个世纪的时间里，人们在前人的基础上，不断更新方法，陆陆续续又找到了许多对亲和数。到了1923年，数学家麦达其和叶维勒汇总前人研究成果与自己的研究所得，发表了1095对亲和数，其中最大的数有25位。同年，另一个荷兰数学家里勒找到了一对有152位数的亲和数。

在找到的这些亲和数中，人们发现，亲和数发现的个数越来越少，数位越来越大。同时，数学家还发现，若一对亲和数的数值越大，则这两个数之比越接近于1，这是亲和数所具有的规律吗？人们企盼着最终的结论。

电子计算机诞生以后，结束了笔算寻找亲和数的历史。有人在计算机上对所有100万以下的数逐一进行了检验，总共找到了42对亲和数，发现10万以下数中仅有13对亲和数。但因计算机功能与数学方法的不完善，目前还没有重大突破，但是，发现新的亲和数的捷报也正等待着不畏艰辛的数学家和计算机专家。

# 奇妙的缺 8 数

12 345 679，这个数里缺少 8，我们把它称为"缺 8 数"。

因为 12 345 679＝333 667×37，所以"缺 8 数"是一个合数。"缺 8 数"和它的两个因数 333 667、37，这三个数之间有一种奇特的关系。一个因数 333 667 的首尾两个数 3 和 7 就组成了另一个因数 37。而"缺 8 数"本身数字之和 1＋2＋3＋4＋5＋6＋7＋9 也等于 37。可见"缺 8 数"与 37 天生结了缘。缺 8 的这种独特的数字结构，使人们对它刮目相看。

12 345 679×9＝111 111 111

12 345 679×18＝222 222 222

………

12 345 679×81＝999 999 999

这就是说，用 9，18，…，81（它们是 9 的倍数）去乘"缺 8 数"，乘积是清一色数字的九位数。

再把"缺 8 数"分别乘以 9，12，15，…，78，81（它们是 3 的倍数）：

12 345 679×9＝111 111 111

12 345 679×12＝148 148 148

12 345 679×15＝185 185 185

………

12 345 679×78＝962 962 962

12 345 679×81＝999 999 999

所得的九位数全由"三位一体"的数字组成！

当乘数不是3的倍数时，又会是什么样的结果呢？先看一位数的情形：

12 345 679×1＝12 345 679（缺0和8）

12 345 679×2＝24 691 358（缺0和7）

12 345 679×4＝49 382 716（缺0和5）

12 345 679×5＝61 728 395（缺0和4）

12 345 679×7＝86 419 753（缺0和2）

12 345 679×8＝98 765 432（缺0和1）

上面的乘积中，都不缺数字3，6，9，而都缺0，缺的另一个数字是8，7，5，4，2，1，且从大到小依次出现。

再看乘数是两位数的情形：

12 345 679×10＝123 456 790（缺8）

12 345 679×11＝135 802 469（缺7）

12 345 679×13＝160 493 827（缺5）

12 345 679×14＝172 839 506（缺4）

12 345 679×16＝197 530 864（缺2）

12 345 679×17＝209 876 543（缺1）

以上乘积中仍不缺3，6，9，但再也不缺0了，而缺少的另一个数与前面的类似——按大小的次序各出现一次。继续乘下去，会发现，当乘数在区间19—26（区间长度为7）时，这种数字"轮休"的局面又会周期性地重复出现。

现在，我们又把乘数依次换为10，19，28，37，46，55，64，73（它们组成公差为9的等差数列）：

12 345 679×10＝123 456 790

12 345 679×19＝234 567 901

12 345 679×28＝345 679 012

12 345 679×37＝456 790 123

12 345 679×46＝567 901 234

12 345 679×55＝679 012 345

12 345 679×64＝790 123 456

12 345 679×73＝901 234 567

以上乘积全是"缺 8 数"！数字 1，2，3，4，5，6，7，9 像走马灯似的，依次轮流出现在各个数位上。我们继续做乘法：

12 345 679×9＝111 111 111

12 345 679×99＝1 222 222 221

12 345 679×999＝12 333 333 321

12 345 679×9 999＝123 444 444 321

12 345 679×99 999＝1 234 555 554 321

12 345 679×999 999＝12 345 666 654 321

12 345 679×9 999 999＝123 456 777 654 321

12 345 679×99 999 999＝1 234 567 887 654 321

12 345 679×999 999 999＝12 345 678 987 654 321

奇迹出现了！等号右边全是回文数（从左读到右或从右读到左，同一个数）。而且，这些回文数全是"阶梯式"上升和下降，和谐、优美、动人！

更令人惊奇的是，把 1/81 化成小数，这个小数也是"缺 8 数"：

1/81＝0.012 345 679 012 345 679 012 345 679……

为什么别的数字都不缺，唯独缺少 8 呢？原来 1/81＝1/9×1/9＝0.1111…×0.111 11…。这里的 0.1111…是无穷小数，在小数点后面有无穷多个 1。

"缺 8 数"的奇妙性质，集中体现在大量地出现数学循环的现象上。循环小数和循环群，这是现代数学研究的一个内容。"缺 8 数"的精细结构和奇特性质，已经引起了人们的浓厚兴趣，其中的奥秘，人们一定会把它全部揭开。

# 罗 素 悖 论

罗素悖论：设性质 P（$x$）表示 "$x$ 不属于 $x$"，现假设由性质 P 确定了一个类 $A$——也就是说 "$A＝\{x \mid x \notin x\}$"。那么问题是：$A$ 属于 $A$ 是否成立？首先，若 $A$ 属于 $A$，则 $A$ 是 $A$ 的元素，那么 $A$ 具有性质 P，由性质 P 知 $A$ 不属于 $A$；其次，若 $A$ 不属于 $A$，也就是说 $A$ 具有性质 P，而 $A$ 是由所有具有性质 P 的类组成的，所以 $A$ 属于 $A$。

罗素悖论还有一些更为通俗的描述，如理发师悖论。

在某个城市中有一位理发师，他的广告词是这样写的："本人的理发技艺十分高超，誉满全城。我将为本城所有不给自己刮脸的人刮脸，我也只给这些人刮脸。我对各位表示热诚欢迎！"来找他刮脸的人络绎不绝，自然都是那些不给自己刮脸的人。可是，有一天，这位理发师从镜子里看见自己的胡子长了，他本能地抓起了剃刀，你们看他能不能给他自己刮脸呢？如果他不给自己刮脸，他就属于"不给自己刮脸的人"，他就要给自己刮脸，而如果他给自己刮脸呢？他又属于"给自己刮脸的人"，他就不该给自己刮脸。

理发师悖论与罗素悖论是等价的：如果把每个人看成一个集合，这个集合的元素被定义成这个人刮脸的对象。那么，理发师宣称，他的元素，都是城里不属于自身的那些集合，并且城里所有不属于自身的集合都属于他。那么他是否属于他自己？这样就由理发师悖论得到了罗素悖论。反过来的变换也是成立的。

罗素悖论提出后，数学家们纷纷提出自己的解决方案。人们希望能够通过对康托尔的集合论进行改造，通过对集合定义加以限制来排除悖论，这就需要建立新的原则。"一方面，这些原则必须足够狭窄，以保证排除一切矛盾；另一方面，又必须充分广阔，使康托尔集合论中一切有价值的内容得以保存下来。"解决这一悖论主要有两种选择，ZF公理系统和NBG公理系统。

1908年，策梅罗（Ernst Zermelo）在自己这一原则基础上提出第一个公理化集合论体系，后来这一公理化集合系统很大程度上弥补了康托尔朴素集合论的缺陷。这一公理系统在通过弗兰克尔（Abraham Fraenkel）的改进后被称为ZF公理系统。在该公理系统中，由于分类公理：P $(x)$ 是 $x$ 的一个性质，对任意已知集合 $A$，存在一个集合 $B$ 使得对所有元素 $x \in B$ 当且仅当 $x \in A$ 且属于 P $(x)$；因此 $\{x \mid x$ 是一个集合$\}$ 并不能在该系统中写成一个集合，由于它并不是任何已知集合的子集；并且通过该公理，存在集合 $A = \{x \mid x$ 是一个集合$\}$ 在 ZF 系统中能被证明是矛盾的，因此罗素悖论在该系统中被避免了。

除ZF系统外，集合论的公理系统还有多种，如冯·诺伊曼（John von Neumann）等人提出的NBG系统等。在该公理系统中，所有包含集合的"collection"都能被称为类（class），凡是集合也能被称为类，但是某些 collection 太大了（比如一个 collection 包含所有集合）以至于不能是一个集合，因此只能是个类。这同样也避免了罗素悖论。

# 《九章算术》

《九章算术》是中国古代的数学专著，是"算经十书"（汉唐之间出现的十部古算书）中最重要的一种。

《九章算术》根据研究，西汉的张苍、耿寿昌曾经做过增补，最后成书最迟在东汉前期。《汉书·艺文志》（班固根据刘歆《七略》写成者）中着录的数学书仅有《许商算术》、《杜忠算术》两种，并无《九章算术》，可见《九章算术》的出现要晚于《七略》。《后汉书·马援传》载其侄孙马续"博览群书，善《九章算术》"，马续是公元 1 世纪最后二三十年时人。再根据《九章算术》中可供判定年代的官名、地名等来推断，现传本《九章算术》的成书年代大约是在公元 1 世纪的下半叶。

1984 年，在湖北出土了《算数书》书简。据考证，它比《九章算术》要早一个半世纪以上，书中有些内容和《九章算术》非常相似，一些内容的文句也基本相同。有人推测两书具有某些继承关系，但也有不同的看法，认为《九章算术》没有直接受到《算数书》影响。

后世的数学家，大多是从《九章算术》开始学习和研究数学，许多人曾为它作过注释。其中最著名的有刘徽（263年）、李淳风（656年）等人。刘、李等人的注释和《九章算术》一起流传至今。唐宋两代，《九章算术》都由国家明令规定为教科书。到了北宋，《九章算术》还曾由政府进行过刊刻（1084年），这是世界上最早的印刷本数学书。在现传本《九章算术》中，最早的版本乃是上述北宋本的南宋翻刻本（1213年），现藏于上海图书馆（孤本，残，只余前五卷）。清代戴震由《永乐大典》中抄出《九章算术》全书，并作了校勘。此后的《四库全书》本、武英殿聚珍本、孔继涵刻的《算经十书》本（1773年）等，大多数都是以戴校本为底本的。

作为一部世界数学名著，《九章算术》在隋唐时期即已传入朝鲜、日本。它已被译成日、俄、德、法等多种文字版本。

《九章算术》的内容十分丰富，全书采用问题集的形式，收有246个与生产、生活实践有联系的应用问题，其中每道题有问（题目）、答（答案）、术（解题的步骤，但没有证明），有的是一题一术，有的是多题一术或一题多术。这些问题依照性质和解法分别隶属于方田、粟米、衰（音 cuī）分、少广、商功、均输、盈不足、方程及勾股。共九章，原作有插图，今传本已只剩下正文了。

《九章算术》共收有246个数学问题，分为九章。它们的主要内容如下。

第一章"方田"：主要讲述了平面几何图形面积的计算方法，包括长方形、等腰三角形、直角梯形、等腰梯形、圆形、扇形、弓形、圆环这八种图形面积的计算方法。另外还系统地讲述了分数的四则运算法则，以及求分子分母最大公约数等方法。

第二章"粟米"：谷物粮食的按比例折换。提出比例算法，称为今有术；衰分章提出比例分配法则，称为衰分术。

第三章"衰分"：比例分配问题。介绍了开平方、开立方的方法，其程序与现今程序基本一致。这是世界上最早的多位数和分数开方法则。它奠定了中国在高次方程数值解法方面长期领先世界的基础。

第四章"少广"：已知面积、体积，反求其一边长和径长等。

第五章"商功"：土石工程、体积计算。除给出了各种立体体积公式外，还有工程分配方法。

第六章"均输"：合理摊派赋税，用衰分术解决赋役的合理负担问题。今有术、衰分术及其应用方法，构成了包括今天正反比例、比例分配、复比例、连锁比例在内的整套比例理论。西方直到 15 世纪末以后才形成类似的全套计算方法。

第七章"盈不足"：即双设法问题。提出了盈不足、盈适足和不足适足、两盈和两不足三种类型的盈亏问题，以及若干可以通过两次假设化为盈不足问题的一般问题的解法。这也是处于世界领先地位的成果，传到西方后，影响极大。

第八章"方程"：一次方程组问题。采用分离系数的方法表示线性方程组，勾股定理求解相当于现在的矩阵；解线性方程组时使用的直除法，与矩阵的初等变换一致。这是世界上最早的完整的线性方程组的解法。在西方，直到 17 世纪才由莱布尼兹提出完整的线性方程的解法法则。这一章还引

第三章　算数与代数

进和使用了负数，并提出了正负术——正负数的加减法则，与现今代数中法则完全相同；解线性方程组时实际还施行了正负数的乘除法。这是世界数学史上一项重大的成就，第一次突破了正数的范围，扩展了数系。外国则到 7 世纪印度的婆罗摩笈多才认识负数。

第九章"勾股"：利用勾股定理求解的各种问题。其中的绝大多数内容是与当时的社会生活密切相关的。提出了勾股数问题的通解公式：若 $a$、$b$、$c$ 分别是勾股形的勾、股、弦，则 $m>n$。在西方，毕达哥拉斯、欧几里得等仅得到了这个公式的几种特殊情况，直到 3 世纪的丢番图才取得相近的结果，这已比《九章算术》晚约 3 个世纪了。勾股章还有些内容，在西方还是近代的事。例如勾股章最后一题给出的一组公式，在国外到 19 世纪末才由美国的数论学家迪克森得出。

《九章算术》确定了中国古代数学的框架，以计算为中心的特点，密切联系实际，以解决人们生产、生活中的数学问题为目的的风格。其影响之深，以致以后中国数学著作大体采取两种形式：或为之作注，或仿其体例著书；甚至西算传入中国之后，人们著书立说时还常常把包括西算在内《九章算术》的数学知识纳入九章的框架。然而，《九章算术》亦有其不容忽视的缺点：没有任何数学概念的定义，也没有给出任何推导和证明。魏景元四年（263 年），刘徽给《九章算术》作注，才大大弥补了这个缺陷。

《九章算术》是世界上最早系统地叙述了分数运算的著作，其中盈不足的算法更是一项令人惊奇的创造，"方程"章还在世界数学史上首次阐述了负数及其加减运算法则。在代数方面，《九章算术》在世界数学史上最早提出负数概念及正负数加减法法则；中学讲授的线性方程组的解法和《九章算术》介绍的方法大体相同。注重实际应用是《九章算术》的一个显著特点。该书的一些知识还传播至印度和阿拉伯，甚至经过这些地区远至欧洲。

《九章算术》是几代人共同研究的结晶，它的出现标志着中国古代数学体系的形成。后世的数学家，大多是从《九章算术》开始学习和研究数学知识的。唐宋两代都由国家明令规定为教科书。1084 年由当时的北宋朝廷进行刊刻，这是世界上最早的印刷本数学书。可以说，《九章算术》是中国为数学发展做出的又一杰出贡献。

在《九章算术》中有许多数学问题都是世界上记载最早的。例如，关于比例算法的问题，它和后来在 16 世纪西欧出现的三分律的算法一样。关于双设法的问题，在阿拉伯曾称为契丹算法，13 世纪以后的欧洲数学著作中也有如此称呼的，这也是中国古代数学知识向西方传播的一个证据。

祖冲之《九章算术》对中国古代的数学发展有很大影响，这种影响一直持续到了清朝中叶。《九章算术》的叙述方式以归纳为主，先给出若干例题，再给出解法，不同于西方以演绎为主的叙述方式，中国后来的数学著作也都是采用叙述方式为主。历代数学家有不少人曾经注释过这本书，其中以刘徽和李淳风的注释最有名。

《九章算术》还流传到了日本和朝鲜，对其古代的数学发展也产生了很大的影响。

# 代 数 几 何

代数几何是数学的一个分支，是将抽象代数，特别是交换代数，同几何结合起来。它可以被认为是对代数方程系统的解集的研究。代数几何以代数簇为研究对象。代数簇是由空间坐标的一个或多个代数方程所确定的点的轨迹。例如，三维空间中的代数簇就是代数曲线与代数曲面。代数几何研究一般代数曲线与代数曲面的几何性质。

代数几何与数学的许多分支学科有着广泛的联系，如复分析、数论、解析几何、微分几何、交换代数、代数群、拓扑学等。代数几何的发展和这些学科的发展起着相互促进的作用。

用代数的方法研究几何的思想，在继出现解析几何之后，又发展为几何学的另一个分支，这就是代数几何。代数几何学研究的对象是平面的代数曲线、空间的代数曲线和代数曲面。

代数几何学的兴起，主要是源于求解一般的多项式方程组，开展了由这种方程组的解答所构成的空间，也就是所谓代数簇的研究。解析几何学的出发点是引进坐标系来表示点的位置，同样，对于任何一种代数簇也可以引进坐标，因此，坐标法就成为研究代数几何学的一个有力的工具。

代数几何的研究是从 19 世纪上半叶关于三次或更高次的平面曲线的研究开始的。例如，阿贝尔在关于椭圆积分的研究中，发现了椭圆函数的双周期性，从而奠定了椭圆曲线理论基础。

德国数学家黎曼 1857 年引入并发展了代数函数论，从而使代数曲线的研究获得了一个关键性的突破。黎曼把他的函数定义在复数平面的某种多层复迭平面上，从而引入了所谓黎曼曲面的概念。运用这个概念，黎曼定义了代数曲线的一个最重要的数值不变量：亏格。这也是代数几何历史上出现的第一个绝对不变量。并首次考虑了亏格 g 相同的所有黎曼曲面的双有理等价类的参量簇问题，并且发现这个参量簇的维数应该是 3g－3，虽然黎曼没有能严格证明它的存在性。

在黎曼之后，德国数学家诺特等人用几何方法获得了代数曲线的许多深刻的性质，诺特还对代数曲面的性质进行了研究。诺特的成果给以后意大利学派的工作建立了基础。

从 19 世纪末开始，出现了以卡斯特尔诺沃、恩里奎斯和塞维里为代表的意大利学派以及以庞加莱、皮卡和莱夫谢茨为代表的法国学派。他们对复数域上的低维代数簇的分类做了许多非常重要的工作，特别是建立了被认为是代数几何中最漂亮的理论之一的代数曲面分类理论。但是由于早期的代数几何研究缺乏一个严格的理论基础，这些工作中存在不少漏洞和错误，其中个别漏洞直到现在还没有得到弥补。

20 世纪以来代数几何最重要的进展之一是它在最一般情形下的理论基础的建立。20 世纪 30 年代，扎里斯基和范·德·瓦尔登等首先在代数几何研究中引进了交换代数的方法。在此基础上，韦伊在 40 年代利用抽象代数的方法建立了抽象域上的代数几何理论，然后 20 世纪 50 年代中期，法国数学家塞尔把代数簇的理论建立在层的概念上，并建立了凝聚层的上同调理论，这个为格罗腾迪克随后建立概型理论奠定了基础，他在讨论班的讲义《代数几何基础》成为该领域的"圣经"。概型理论的建立使代数几何的研究进入了一个全新的阶段。概型的概念是代数簇的推广，它允许点的坐标在任意有单位元的交换环中选取，并允许结构层中存在幂零元。

近年来，人们在现代粒子物理的最新的超弦理论中已广泛应用代数几何工具，这预示着抽象的代数几何学将对现代物理学的发展发挥重要的作用。

# 第四章

# 几 何 学

几何学，简称几何，是研究空间区域关系的数学分支。"几何学"这个词，是来自阿拉伯文，原来的意义是"测量土地技术"。"几何学"这个词一直沿用到今天。在我国古代，这门数学分科并不叫"几何"，而是叫作"形学"。"几何"一词，最早是在明代利玛窦、徐光启合译《几何原本》时，由徐光启所创。

# 几 何 学

几何，就是研究空间结构及性质的一门学科。它是数学中最基本的研究内容之一，与分析、代数等具有同样重要的地位，并且关系极为密切。

1607 年出版的《几何原本》中关于几何的译法在当时并未通行，同时代也存在着另一种译名——形学，如狄考文、邹立文、刘永锡编译的《形学备旨》，在当时也有一定的影响。在 1857 年李善兰、伟烈亚力续译的《几何原本》后 9 卷出版后，几何之名虽然得到了一定的重视，但是直到 20 世纪初的时候才有了较明显的取代形学一词的趋势，如 1910 年《形学备旨》第 11 次印刷成都翻刊本，徐树勋就将其改名为《续几何》。直至 20 世纪中期，已鲜有"形学"一词的使用出现。

早期的几何学是关于长度、角度、面积和体积的经验原理，被用于满足在测绘、建筑、天文和各种工艺制作中的实际需要。埃及和巴比伦人都在毕达哥拉斯之前 1500 年就知道了毕达哥拉斯定理（勾股定理），埃及人有方形棱锥的锥台（截头金字塔形）体积正确公式；而巴比伦有一个三角函数表。

几何学发展历史悠长，内容丰富。它和代数、分析、数论等，关系极其密切。几何思想是数学中最重要的一类思想。目前的数学各分支发展都有几何化趋向，即用几何观点及思想方法去探讨各数学理论。

最早的几何学当属平面几何。平面几何就是研究平面上的直线和二次曲线（即圆锥曲线，就是椭圆、双曲线和抛物线）的几何结构和度量性质（面积、长度、角度）。平面几何采用了公理化方法，在数学思想史上具有重要的意义。

平面几何的内容也很自然地过渡到了三维空间的立体几何。为了计算体积和面积问题，人们实际上已经开始涉及微积分的最初概念。

笛卡尔引进坐标系后，代数与几何的关系变得明朗，且日益紧密起来，这就促使了解析几何的产生。解析几何是由笛卡尔、费马分别独立创建的。这又是一次具有里程碑意义的事件。从解析几何的观点出发，几何图形的性质可以归结为方程的分析性质和代数性质。几何图形的分类问题（比如把圆锥曲线分为三类），也就转化为方程的代数特征分类的问题，即寻找代数不变量的问题。

立体几何归结为三维空间解析几何的研究范畴，从而研究二次曲面（如球面、椭球面、锥面、双曲面、柱面等）的几何分类问题，就归结为研究代数学中二次型的不变量问题。

总体上说，上述的几何都是在欧氏空间的几何结构——即平坦的空间结构背景下考察，而没有真正关注弯曲空间下的几何结构。欧几里得几何公理本质上是描述平坦空间的几何特性，特别是第五公设引起了人们对其正确性的疑虑。由此人们开始关注其弯曲空间的几何，即"非欧几何"。非欧几何中包括了最经典几类几何学课题，比如"球面几何"，"罗氏几何"等。此外，为了把无穷远的那些虚无缥缈的点

也引入到观察范围内，人们开始考虑射影几何。

这些早期的非欧几何学总的来说，是研究非度量的性质，即和度量关系不大，而只关注几何对象的位置问题——比如平行、相交等。这几类几何学所研究的空间背景都是弯曲的空间。

# 奇妙的圆形

圆形，是一个看似简单、实际上很奇妙的图形。

古代人最早是从太阳、从阴历十五的月亮得到圆的概念的。就是现在也还用日、月来形容一些圆的东西，如月门、月琴、日月贝、太阳珊瑚等。

是什么人做出第一个圆呢？

十几万年前的古人做的石球已经相当圆了。

前面说过，一万八千年前的山顶洞人曾经在兽牙、砾石和石珠上钻孔，那些孔有的就很圆。

山顶洞人是用一种尖状器转着钻孔的，一面钻不透，再从另一面钻。石器的尖是圆心，它的宽度的一半就是半径，一圈圈地转就可以钻出一个圆的孔。

以后到了陶器时代，许多陶器都是圆的。圆的陶器是将泥土放在一个转盘上制成的。

当人们开始纺线，又制出了圆形的石纺锤或陶纺锤。

6000年前的半坡人（在西安）会建造圆形的房子，面积有十多平方米。

古代人还发现圆的木头滚着走比较省劲。后来他们在搬运重物的时候，就把几段圆木垫在大树、大石头下面滚着走，这样当然比扛着走省劲得多。当然了，因为圆木不是固定在重物下面的，走一段，还得把后面滚出来的圆木滚到前面去，垫在重物前面部分的下方。

大约在 6000 年前，美索不达米亚人，做出了世界上第一个轮子——圆的木盘。

大约在 4000 多年前，人们将圆的木盘固定在木架下，这就成了最初的车子。因为轮子的圆心是固定在一根轴上的，而圆心到圆周总是等长的，所以只要道路平坦，车子就可以平衡地前进了。

会做圆，但不一定就懂得圆的性质。古代埃及人就认为：圆，是神赐给人的神圣图形。一直到 2000 多年前我国的墨子（约公元前 468－前 376 年）才给圆下了一个定义："一中同长也"。意思是说：圆有一个圆心，圆心到圆周的长都相等。这个定义比希腊数学家欧几里得（约公元前 330－前 275 年）给圆下定义要早 100 年。

圆周率，也就是圆周与直径的比值，是一个非常奇特的数。

《周髀算经》上说"径一周三"，把圆周率看成 3，这只是一个近似值。美索不达米亚人在做第一个轮子的时候，也只知道圆周率是 3。

魏晋时期的刘徽于公元 263 年给《九章算术》作注。他发现"径一周三"只是圆内接正六边形周长和直径的比值。他创立了割圆术，认为圆内接正多边形边数无限增加时，周长就越逼近圆周长。他算到圆内接正 3072 边形的圆周率，

π＝3927/1250，请你将它换算成小数，看约等于多少？

刘徽已经把极限的概念运用于解决实际的数学问题之中，这在世界数学史上也是一项重大的成就。

祖冲之（429—500 年）在前人的计算基础上继续推算，求出圆周率在 3.1415926 与 3.1415927 之间是世界上最早的七位小数精确值，他还用两个分数值来表示圆周率：22/7 称为约率，355/113 称为密率。

请你将这两个分数换成小数，看它们与今天已知的圆周率有几位小数数字相同？

在欧洲，直到 1000 年后的 16 世纪，德国人鄂图（1573年）和安托尼兹才得到这个数值。

现在有了电子计算机，圆周率已经精确到了小数点后一千万位以上了。

## 割 圆 术

所谓"割圆术"，是用圆内接正多边形的面积去无限逼近圆面积并以此求取圆周率的方法。

"圆，一中同长也"。意思是说：圆只有一个中心，圆周上每一点到中心的距离相等。早在我国先秦时期，《墨经》上就已经给出了圆的这个定义，而公元前 11 世纪，我国西周时期数学家商高也曾与周公讨论过圆与方的关系。认识了圆，人们也就开始了有关于圆的种种计算，特别是计算圆的面积。我国古代数学经典《九章算术》在第一章"方田"章中写到"半周半径相乘得积步"，也就是我们现在所熟悉的公式。

为了证明这个公式，我国魏晋时期数学家刘徽于公元263年撰写《九章算术注》，在这一公式后面写了一篇1800余字的注记，这篇注记就是数学史上著名的"割圆术"。

刘徽发明"割圆术"是为求"圆周率"。那么圆周率究竟是指什么呢？它其实就是指"圆周长与该圆直径的比率"。很幸运，这是个不变的"常数"！我们人类借助它可以进行关于圆和球体的各种计算。如果没有它，那么我们对圆和球体等将束手无策。同样，圆周率数值的"准确性"，也直接关乎我们有关计算的准确性和精确度。这就是人类为什么要求圆周率，而且要求得准的原因。

根据"圆周长/圆直径＝圆周率"，那么圆周长＝圆直径×圆周率＝2×半径×圆周率（这就是我们熟悉的圆周长＝2πr的来由）。因此"圆周长公式"根本就不用背的，只要有小学知识，知道"圆周率的含义"，就可自行推导计算。也许大家都知道"圆周率和π"，但它的"含义及作用"往往被忽略，这也就是割圆术的意义所在。

由于"圆周率＝圆周长/圆直径"，其中"直径"是直的，好测量；难计算精确的是"圆周长"。而通过刘徽的"割圆术"，这个难题解决了。只要认真、耐心地精算出圆周长，就可得出较为精确的"圆周率"了。——众所周知，中国的祖冲之最终完成了这项工作。

中国古代从先秦时期开始，一直是取"周三径一"（即圆周周长与直径的比率为三比一）的数值来进行有关圆的计算。但用这个数值进行计算的结果，往往误差很大。正如刘徽所说，用"周三径一"计算出来的圆周长，实际上不是圆的周长而是圆内接正六边形的周长，其数值要比实际的圆周长小得多。东汉的张衡不满足于这个结果，他从研究圆与它的外切正方形的关系方面着手得到圆周率。这个数值比"周三径一"要好些，但刘徽认为其计算出来的圆周长必然要大于实际的圆周长，也不精确。刘徽以极限思想为指导，提出用"割圆术"来求圆周率，既大胆创新，又严密论证，从而为圆周率的计算指出了一条科学的道路。

在刘徽看来，既然用"周三径一"计算出来的圆周长实际上是圆内接正六边形的周长，与圆周长相差很多；那么我们可以在圆内接正六边形把圆周等分为六条弧的基础上，再继续等分，把每段弧再分割为二，做出一个圆内接正十二边形，这个正十二边形的周长不就要比正六边形的周长更接近圆周了吗？如果把圆周再继续分割，做成一个圆内接正二十四边形，那么这个正二十四边形的周长必然又比正十二边形的周长更接近圆周。这就表明，越是把圆周分割得细，误差就越少，其内接正多边形的周长就越是接近圆周。如此不断地分割下去，一直到圆周无法再分割为止，也就是到了圆内接正多边形的边数无限多的时候，它的周长就与圆周"合体"而完全一致了。

按照这样的思路，刘徽把圆内接正多边形的面积一直算到了正 3072 边形，并由此而求得了圆周率为 3.1415 和 3.1416 这两个近似数值。这个结果是当时世界上圆周率计算的最精确的数据。刘徽对自己创造的这个"割圆术"新方法非常自信，把它推广到有关圆形计算的各个方面，从而使汉代以来的数学发展大大向前推进了一步。以后到了南北朝时期，祖冲之在刘徽的这一基础上继续努力，终于使圆周率精确到了小数点以后的第七位。在西方，这个成绩是由法国数学家韦达于1593年取得的，比祖冲之要晚1100多年。祖冲之还求得了圆周率的两个分数值，一个是"约率"，另一个是"密率"，其中这个值，在西方是由德国的奥托和荷兰的安东尼兹在16世纪末才得到的，都比祖冲之晚了1100年。刘徽所创立的"割圆术"新方法对中国古代数学发展的重大贡献，历史是永远不会忘记的。

根据刘徽的记载，在刘徽之前，人们求证圆面积公式时，是用圆内接正十二边形的面积来代替圆面积。应用出入相补原理，将圆内接正十二边形拼补成一个长方形，借用长方形的面积公式来论证《九章算术》的圆面积公式。刘徽指出，这个长方形是以圆内接正六边形周长的一半作为长，以圆半径作为高的长方形，它的面积是圆内接正十二边形的面积。这种论证"合径率一而弧周率三也"，即后来常说的"周三径一"，当然不严密。他认为，圆内接正多边形的面积与圆面积都有一个差，用有限次数的分割、拼补，是无法证明《九章算术》的圆面积公式的。因此刘徽大胆地将极限思想和无穷小分割引入了数学证明。他从圆内接正六边形开始割圆，"割之弥细，所失弥少，割之又割，以至不可割，则与圆周合体，而无所失矣。"也就是说将圆内接正多边形的边数不断加倍，则它们与圆面积的差就越来越小，而当边数不能再加的时候，圆内接正多边形的面积的极限就是圆面积。刘徽考察了内接多边形的面积，也就是它的"幂"，同时提出了"差幂"的概念。"差幂"是后一次与前一次割圆的差值，可以用图中阴影部分三角形的面积来表示。同时，它与两个小黄三角形的面积和相等。

刘徽指出，在用圆内接正多边形逼近圆面积的过程中，圆半径在正多边形与圆之间有一段余径。以余径乘正多边形的边长，即 2 倍的"差幂"，加到这个正多边形上，其面积则大于圆面积。这是圆面积的一个上界序列。刘徽认为，当圆内接正多边形与圆是合体的极限状态时，"则表无余径。表无余径，则幂不外出矣。"就是说，余径消失了，余径的长方形也就不存在了。因而，圆面积的这个上界序列的极限也是圆面积。于是内外两侧序列都趋向于同一数值，即圆面积。

## 立方倍积问题

相传在 2000 多年前，古希腊的德里群岛中有一个叫杰罗西的岛上，发生了一场大瘟疫，居民们纷纷来到神庙，向神祈求。神说："这次发生瘟疫，是因为你们对我不够虔诚。你们看，我殿前的祭坛是多么小啊！要使瘟疫不再流行，除非把祭坛的体积扩大一倍，但不许改变祭坛的形状。"

神庙中的祭坛是个立方体，杰罗西的居民们赶紧量好立方体的尺寸，制作了一个新祭坛送到神的面前。新的祭坛的长、宽、高都比原来的增加了 1 倍，居民们以为这样就满足了神的要求。可是瘟疫非但没有停止，反而流行得更厉害了。岛上的居民又向神祈祷："我们已经把祭坛扩大了一倍。为什么灾难仍没有结束呢？"神冷冷地回答道："不，你们没有满足我的要求，新的祭坛是原来体积的 8 倍！"

不准改变立方体的形状，只准加大 1 倍的体积，岛上的居民没有办法解决这个问题，只好派人到首都雅典去向当时的数学家请教，但数学家们也一筹莫展。

这个故事当然是虚构的，但是故事却提出了一个举世闻名的几何作图难题，叫作立方倍积问题，这就是尺规作图三大难题之一。

其实，如果没有对作图工具的限制，这个问题并不难解决。公元前 3 世纪，有一位叫埃拉托斯芬的古希腊数学家，就曾用 3 个相等的矩形框架，在上面画上相应的对角线，顺利地解决了立方倍积问题。英国的牛顿，荷兰的惠更斯等都曾发明过一些巧妙的方法，圆满地解决过立方倍积问题。但是如果要求用尺规作图，那么，这些大数学家们都束手无策，败下阵来。

直到 1837 年，美国数学家维脱兹尔，从理论上证明了只使用圆规直尺是不可能解决立方倍积问题的。后来德国数学家给出了一个简单明了的证明，明确指出了"此路不通"。从此就再也没有数学家去尝试用尺规作图法来解决立方倍积问题了。

## 勾 股 定 理

勾股定理是一个基本的几何定理，传统上认为是由古中国的蒋铭祖所证明。在中国，《周髀算经》记载了勾股定理

的公式与证明，相传是在商代由蒋铭祖发现，故又有称之为"蒋铭祖定理"；三国时代的赵爽对《蒋铭祖算经》内的勾股定理做出了详细注释，又给出了另外一个证明。埃及称为埃及三角形。

早在蒋铭祖之前，许多民族已经发现了这个事实，而且巴比伦、埃及、中国、印度等的发现都有真凭实据，有案可查。至于希腊科学的起源只是公元前近一二百年才有更深入的研究。在中国，称为商高定理，又因中国古代把直角三角形中较短的直角边叫作勾，较长的直角边叫作股，斜边叫作弦，因而更普遍地则称为勾股定理。

古埃及人用这样的方法画直角勾股定理，被称为"几何学的基石"，而且在高等数学和其他学科中也有着极为广泛的应用。正因为这样，世界上几个文明古国都已发现并且进行了广泛深入的研究，因此有许多名称。

中国是发现和研究勾股定理最古老的国家之一。中国古代数学家称直角三角形为勾股形，较短的直角边称为勾，另一直角边称为股，斜边称为弦，所以勾股定理也称为勾股弦定理。在公元前 1000 多年，据记载，商高（约公元前 1120 年）答周公曰"故折矩，以为勾广三，股修四，径隅五。既方之，外半其一矩，环而共盘，得成三四五。两矩共长二十有五，是谓积矩。"在公元前 7 至 6 世纪的一中国学者陈子，曾经给出过任意直角三角形的三边关系即"以日下为勾，日高为股，勾、股各乘并开方除之得斜至日"。

勾股定理是欧氏几何中平面单形——三角形边角关系的重要表现形式，虽然是在直角三角形的情形，但基本不失一般性。

因此，欧几里得在《原本》中的第一卷，就以勾股定理为核心展开，一方面奠定欧氏几何公理体系的架构，另一方面紧紧围绕勾股定理的证明，揭示了面积的自然基础，第一卷共 48 个命题，以勾股定理（第 47 个命题）及其逆定理（第 48 个命题）结束，并在后续第二卷中，自然将勾股定理推广到任意三角形的情形，给出了余弦定理的完整形式。

勾股定理是人们认识宇宙中形成的规律的自然起点，无论在东方还是西方文明起源过程中，都有着很多动人的故事。中国古代数学著作《九章算术》的第九章即为勾股术，并且整体上呈现出明确的算法和应用性特点，这与欧几里得《原本》第一章的毕达哥拉斯定理（勾股弦定理）及其显现出来的推理和纯理性特点恰好对比的熠熠生辉的两极，令人感慨。

从勾股定理角度出发开平方、开立方、求圆周率等，运用勾股定理数学家还发现了无理数。

勾股定理在生活中的应用也较广泛，比如：

测量珠峰的一种方法是传统的经典测量方法，就是把高程引到珠峰脚下，当精确高程传递至珠峰脚下的 6 个峰顶交会测量点时，通过在峰顶竖立的测量觇标，运用"勾股定理"的基本原理测定珠峰高程，配合水准测量、三角测量、导线测量等方式，获得的数据进行重力、大气等多方面改正计算，最终得到珠峰高程的有效数据。

通俗来说，就是分三步走：

第一步，先在珠峰脚下选定较容易的、能够架设水准仪器的测量点，先把这些点的精确高程确定下来；

第二步，在珠峰峰顶架起觇标，运用三角几何学中"勾股定理"的基本原理，推算出珠峰峰顶相对于这几个点的高程差；

第三步，获得的高程数据要进行重力、大气等多方面的改正计算，最终确定珠峰高程测量的有效数据。

# 黄金分割线

黄金分割线是一种古老的数学方法。黄金分割的创始人是古希腊的毕达哥拉斯，他在当时十分有限的科学条件下大胆断言：一条线段的某一部分与另一部分之比，如果正好等于另一部分同整个线段的比率即0.618，那么，这样比例会给人一种美感。后来，这一神奇的比例关系被古希腊著名哲学家、美学家柏拉图誉为"黄金分割律"。黄金分割线的神奇和魔力，在数学界上还没有明确定论，但它屡屡在实际中发挥着意想不到的作用。

数学家法布兰斯在13世纪写了一本书，关于一些奇异数字的组合。这些奇异数字的组合是1、2、3、5、8、13、21、34、55、89、144、233……任何一个数字都是前面两数字的总和2＝1＋1、3＝2＋1、5＝3＋2、8＝5＋3……如此类推。有人说这些数字是他从研究金字塔所得出。金字塔和上列奇异数字息息相关。金字塔的几何形状有5个面，8个边，总数为13个层面。由任何一边看去，都可以看到3个层面。金字塔的长度为5813寸（1寸≈0.033米），而高底和底面百分比率是0.618，那即是上述神秘数字的任何两个连续的比率，譬如 55/89＝0.618，89/144＝0.618，144/233＝0.618。另外，一个金字塔五角塔的任何一边长度都等于这个五角形对角线的 0.618。还有，底部四个边的总数是 36 524.22 寸，这个数字等于一年天数的 100 倍！这组数字十分有趣。0.618 的倒数是 1.618。譬如 144/89＝1.618、233/144＝1.618，而 0.618×1.618 就约等于 1。另外有人研究过向日葵，发现向日葵花有 89 个花瓣，55 个朝向一方，34 个朝向另一方。这组数字就叫作神秘数字。而 0.618，1.618 就叫作黄金分割线。

黄金分割线的最基本公式，是将 1 分割为 0.618 和 0.382，它们有如下一些特点：（1）数列中任一数字都是由前两个数字之和构成。（2）前一数字与后一数字之比例，趋近于一固定常数，即 0.618。（3）后一数字与前一数字之比例，趋近于 1.618。（4）1.618 与 0.618 互为倒数，其乘积则约等于 1。（5）任一数字如与前面第二个数字相比，其值趋近于 2.618；如与后面第二个数字相比，其值则趋近于 0.382。

理顺下来，上列奇异数字组合除能反映黄金分割的两个基本比值 0.618 和 0.382 以外，尚存在下列两组神秘比值。即：（1）0.191，0.382，0.5，0.618，0.809；（2）1，1.382，1.5，1.618，2，2.382，2.618。

黄金分割线是股市中最常见、最受欢迎的切线分析工具之一，实际操作中主要运用黄金分割来揭示上涨行情的调整支撑位或下跌行情中的反弹压力位。不过，黄金分割线没有考虑到时间变化对股价的影响，所揭示出来的支撑位与压力位较为固定，投资者不知道什么时候会到达支撑位与压力位。因此，如果指数或股价在顶部或底部横盘运行的时间过长，则其参考作用则要打一定的折扣。与江恩角度线与江恩

第四章 几何学

弧形相比略有逊色，但这丝毫不影响黄金分割线为实用切线工具的地位。

黄金分割线是利用黄金分割比率进行的切线画法，在行情发生转势后，无论是止跌转升或止升转跌，以近期走势中重要的高点和低点之间的涨跌额作为计量的基数，将原涨跌幅按 0.236，0.382，0.5，0.618，0.809 分割为 5 个黄金点，股价在反转后的走势将可能在这些黄金分割点上遇到暂时的阻力或支撑。黄金分割的原理源自弗波纳奇神奇数字即大自然数字，0.6180339……是众所周知的黄金分割比率，是相邻的弗波纳奇级数的比率，反映了弗波纳奇级数的增长，反映了大自然的静态美与动态美。据此又推算出 0.236，0.382，0.809 等，其中黄金分割线中运用最经典的数字为 0.382，0.618，极易产生支撑与压力。

比如，2004 年股市在 1783 点见顶之后，一路下跌，在持续 5 个月的跌市中，股指跌去 500 点，直到 9 月中旬，管理层发表重要讲话，股市才出现强劲的报复性反弹行情。从走势分析，股指的反弹明显受到整个下跌幅度的黄金分割位压制，行情也在此位置停止了上涨，再次转入弱市，反映出黄金分割线的神奇之处。

# 三 等 分 角

三等分角是古希腊三大几何问题之一。三等分角是古希腊几何尺规作图当中的名题，和化圆为方、倍立方问题被并列为古代数学的三大难题，而如今数学上已证实了这个问题无解。该问题的完整叙述为：在只用圆规及一把没有刻度的直尺将一个给定角三等分。在尺规作图（尺规作图是指用没有刻度的直尺和圆规作图）的前提下，此题无解。若将条件放宽，例如允许使用有刻度的直尺，或者可以配合其他曲线使用，可以将一给定角分为三等分。

公元前 4 世纪，托勒密一世定都亚历山大城。他凭借优越的地理环境，发展海上贸易和手工艺，奖励学术。他建造了规模宏大的"艺神之宫"，作为学术研究和教学中心；他又建造了著名的亚历山大图书馆，藏书 75 万卷。托勒密一世深深懂得发展科学文化的重要意义，他邀请著名学者到亚历山大城，当时许多著名的希腊数学家都来到了这座城市。

亚历山大城郊有一座圆形的别墅，里面住着一位公主。圆形别墅中间有一条河，公主的居室正好建立在圆心处。别墅南北围墙各开了一个门，河上建了一座桥，桥的位置和南北门位置恰好在一条直线上。国王每天赏赐的物品，从北门运进，先放到南门处的仓库，然后公主再派人从南门取回居室。

一天，公主问侍从："从北门到我的卧室，和从北门到桥，哪一段路更远？"侍从不知道，赶紧去测量，结果是两段路一样远。

过了几年，公主的妹妹小公主长大了，国王也要为她修建一座别墅。小公主提出她的别墅要修的像姐姐的别墅那样，有河，有桥，有南北门。国王满口答应，小公主的别墅很快就动工了，当把南门建立好，要确定桥和北门的位置时，却出现了一个问题：怎样才能使得北门到卧室和北门到桥的距离一样远呢？

工匠们试图用尺规作图法确定出桥的位置，可是他们用了很长的时间也没有解决，于是他们去请教阿基米德。

阿基米德用在直尺上做固定标记的方法，解决了三等分一角的问题，从而确定了北门的位置。正当大家称赞阿基米德了不起时，阿基米德却说："这个确定北门位置的方法固然可行，但只是权宜之计，它是有破绽的。"阿基米德所谓的破绽就是在尺上做了标记，等于是做了刻度，这在尺规作图法中则是不允许的。

这个故事提出了一个数学问题：如何用尺规作图法三等分任意已知角，这个问题连阿基米德都没有解答出来。

## 化 圆 为 方

化圆为方是古希腊尺规作图问题之一，即：求一正方形，其面积等于一给定圆的面积。由 π 为超越数可知，该问题仅用直尺和圆规是无法完成的。但若放宽限制，这一问题可以通过特殊的曲线来完成。如西皮阿斯的割圆曲线，阿基米德的螺线等。

公元前 5 世纪，古希腊哲学家阿那克萨戈拉因为发现太阳是个大火球，而不是阿波罗神，犯有"亵渎神灵罪"而被投入监狱。在法庭上，阿那克萨戈拉申诉道："哪有什么太阳神阿波罗啊！那个光耀夺目的大球，只不过是一块火热的石头，大概有伯罗奔尼撒半岛那么大；再说，每个夜晚发出清光，晶莹透亮像一面大镜子的月亮，它本身并不发光，全是靠了太阳的照射，它才有了光亮。"结果他被判处死刑。

在等待执行的日子里，夜晚，阿那克萨戈拉睡不着。圆圆的月亮透过正方形的铁窗照进牢房，他对方铁窗和圆月亮产生了兴趣。他不断变换观察的位置，一会儿看见圆比正方形大，一会儿看见正方形比圆大。最后他说："好了，就算两个图形面积一样大好了。"

阿那克萨戈拉把"求作一个正方形，使它的面积等于已知的圆面积"作为一个尺规作图问题来研究。起初他认为这个问题很容易解决，谁料想他把所有的时间都用上，也一无所获。

经过好朋友、政治家伯里克利的多方营救，阿那克萨哥拉获释出狱。他把自己在监狱中想到的问题公布出来，许多数学家对这个问题很感兴趣，都想解决，可是一个也没有成功。这就是著名的"化圆为方"问题。

2000 年前的西坡拉蒂证明了新月形面积，即：

$S$（半圆 $AEC$）＝$S$（扇形 $AFCO$），故 $S$（新月形 $AEC$）＝$S$（三角形 $AOC$）。

三角形不难平方化，从而新月形也能平方化。

他的方法既简单又高明，这使得人们对解决化圆为方问题充满希望。直到林德曼证明了圆周率是超越数以后，才知道是不可能的。

尺规作图三大难题提出后，有许多基于平面几何的论证和尝试，但在 19 世纪以前，一直没有完整的解答。没有人能够给出化圆为方问题的解法，但开始怀疑其可能性的人之中，也没有人能够证明这样的解法一定不存在。直到 19 世纪

第四章　几何学

后，伽罗瓦和阿贝尔开创了以群论来讨论有理系数多项式方程之解的方法，人们才认识到这三个问题的本质。

在研究各种尺规作图问题的时候，数学家们留意到，能否用尺规做出特定的图形或目标，本质是能否做出符合的长度。引进直角坐标系和解析几何以后，又可以将长度解释为坐标。比如说，做出一个圆，实际上是做出圆心的位置（坐标）和半径的长度。做出特定的某个交点或某条直线，实际上是找出它们的坐标、斜率和截距。为此，数学家引入了尺规可作性这一概念。假设平面上有两个已知的点 $O$ 和 $A$，以 $OA$ 为单位长度，射线 $OA$ 为 x一轴正向可以为平面建立一个标准直角坐标系，平面中的点可以用横坐标和纵坐标表示。

设 $E$ 是一个非空子集。如果某直线经过 $E$ 中不同的两点，就说是 $E_1$ 尺规可作的，简称 $E_1$ 可作。同样地，如果某个圆的圆心和圆上的某个点是 $E$ 中的元素，就说是 $E_1$ 可作的。进一步地说，如果圆里的某个点 $P$ 是某两个 $E_1$ 可作的直线或圆的交点（直线—直线、直线—圆以及圆—圆），就说点 $P$ 是 $E_1$ 可作的。这样的定义是基于五个基本步骤得来的，包括了尺规作图中从已知条件得到新元素的五种基本方法。如果将所有 $E_1$ 尺规可做的点的集合记作 $s(E)$，那么当 $E$ 中包含超过两个点的时候，$E$ 肯定是 $s(E)$ 的真子集。从某个点集 $E_0$ 开始，经过一步能作出的点构成集合 $E_1 = s(E)$，经过两步能做出的点就是 $E_2 = s(E_1)$，……以此类推，经过 $n$ 步能做出的点集就是 $E_n = s(E_n-1)$。

另一个与尺规可作性相关的概念是规矩数。设 $H$ 是从集合 $E_0 = \{(0, 0), (0, 1)\}$ 开始，尺规可作点的集合，那么规矩数定义为 $H$ 中的点的横坐标和纵坐标表示的数。

定义：实数 $a$ 和 $b$ 是规矩数当且仅当 $(a，b)$ 是 $H$ 中的一个点。

可以证明，有理数集是所有规矩数构成的集合 $K$ 的子集，而 $K$ 又是实数集的子集。另外，为了在复数集内讨论问题，也会将平面看作复平面，同时定义一个复数 $a+b_i$ 是（复）规矩数当且仅当点 $(a，b)$ 是 $H$ 中的一个点。所有复规矩数构成的集合 $L$ 也包含作为子集，并且是复数集的子集。从尺规可作性到解析几何下的规矩数，尺规作图问题从几何问题转成了代数的问题。

## 测地球周长

古希腊地理学家埃拉托色尼（公元前 275 —前 193 年）将天文学与测地学结合起来，第一个提出设想在夏至日那天，分别在两地同时观察太阳的位置，并根据地物阴影的长度之差异，加以研究分析，从而总结出计算地球圆周的科学方法。他选择同一子午线上的两地西恩纳（Syene，今天的阿斯旺）和亚历山大里亚，在夏至日那天进行太阳位置观察的比较。

在西恩纳附近，尼罗河的一个河心岛洲上，有一口深井，夏至日那天太阳光可直射井底。这一现象闻名已久，吸引着许多旅行家前来观赏奇景。它表明太阳在夏至日正好位于天顶。与此同时，他在亚历山大里亚选择了一个很高的方尖塔作参照，并测量了夏至日那天塔的阴影长度，这样他就

可以量出直立的方尖塔和太阳光射线之间的角度。获得了这些数据之后，他运用了泰勒斯的数学定律，即一条射线穿过两条平行线时，它们的对角相等。埃拉托色尼通过观测得到了这一角度为 7°12′，即相当于圆周角 360° 的 1/50。

由此表明，这一角度对应的弧长，即从西恩纳到亚历山大里亚的距离，应相当于地球周长的 1/50。下一步埃拉托色尼借助于皇家测量员的测地资料，测量得到这两个城市的距离是 5000 希腊里。一旦得到这个结果，地球周长只要乘以 50 即可，结果为 25 万希腊里。为了符合传统的圆周为 60 等分制，埃拉托色尼将这一数值提高到 252 000 希腊里，以便可被 60 除尽。埃及的希腊里约为 157.5 米，可换算为地球圆周长约为 39 375 千米，经埃拉托色尼修订后为 39 360 千米，与地球实际周长相近。由此可见，埃拉托色尼巧妙地将天文学与测地学结合起来，精确地测量出地球周长的精确数值。这一测量结果出现在 2000 多年前，的确是了不起的，是载入地理学史册的重大成果。

## 用影子测金字塔的人

提起埃及这个古老神秘、充满智慧的国度，人们首先想到的是金字塔。金字塔是古埃及国王的陵墓，建于公元前 2000 多年。古埃及人民仅靠简单的工具，竟能建造出这样雄伟而精致的建筑，真是奇迹！虽历经漫长的岁月，它们如今仍巍峨地耸立着。但是，在金字塔建成的 1000 多年里，人们都无法测量出金字塔的高度——它们实在太高大了。

约公元前600年，古希腊第一位享有世界声誉的“科学之父”和“希腊数学的鼻祖”泰勒斯从遥远的希腊来到了埃及。在此之前，他已经到过很多东方国家，学习了各国的数学和天文知识。到埃及后，他学会了土地丈量的方法和规则。

泰勒斯已经观察金字塔很久了：底部是正方形，四个侧面都是相同的等腰三角形（有两条边相等的三角形）。要测量出底部正方形的边长并不困难，但仅仅知道这一点还无法解决问题。他苦苦思索着。当他看到金字塔在阳光下的影子时，他突然想到办法了。这一天，阳光的角度很合适，它把它底下的所有东西都拖出一条长长的影子。泰勒斯仔细地观察着影子的变化，找出金字塔地面正方形的一边的中点（这个点到边的两边的距离相等），并作了标记。然后他笔直地站立在沙地上，并请人不断测量他的影子的长度。当影子的长度和他的身高相等时，他立即跑过去测量金字塔影子的顶点到做标记的中点的距离。他稍做计算，就得出了这座金字塔的高度。

当他算出金字塔高度时，围观的人十分惊讶，纷纷问他是怎样算出金字塔的高度的。泰勒斯一边在沙地上画图示意，一边解释说：“当我笔直地站立在沙地上时，我和我的影子构成了一个直角三角形。当我的影子和我的身高相等时，就构成了一个等腰直角三角形。而这时金字塔的高（金字塔顶点到底面正方形中心的连线）和金字塔影子的顶点到底面正方形中心的连线也构成了一个等腰直角三角形。因为这个巨大的等腰直角三角形的两个腰也相等。”他停顿了一

下，又说："刚才金字塔的影子的顶点与我做标记的中心的连线，恰好与这个中点所在的边垂直，这时就很容易计算出金字塔影子的顶点与底面正方形中心的距离了。它等于底面正方形边长的一半加上我刚才测量的距离，算出来的数值也就是金字塔的高度了。"你能理解泰勒斯的计算方法吗？他利用了相似三角形的性质。要知道泰勒斯身处的年代距离现在有 2600 多年呢！当时人们所了解的科学知识要比现在少得多。

泰勒斯因为善于学习，注意观察，勤于思考，终于解决了困惑人们很多年的难题。其实，只要我们在平时的学习中注意了这几点，也可以像泰勒斯一样解决很多难题了。

# 蜂 窝 猜 想

4 世纪古希腊数学家佩波斯提出，蜂窝的优美形状，是自然界最有效劳动的代表。他猜想，人们所见到的、截面呈六边形的蜂窝，是蜜蜂采用最少量的蜂蜡建造成的。他的这一猜想称为"蜂窝猜想"，但这一猜想一直没有人能证明。

美密执安大学数学家黑尔宣称，他已破解这一猜想。蜂窝是一座十分精密的建筑工程。蜜蜂建巢时，青壮年工蜂负责分泌片状新鲜蜂蜡，每片只有针头大小而另一些工蜂则负责将这些蜂蜡仔细摆放到一定的位置，以形成竖直六面柱体。每一面蜂蜡隔墙厚度及误差都非常小。6 面隔墙宽度完全相同，墙之间的角度正好 120 度，形成一个完美的几何图形。人们一直疑惑，蜜蜂为什么不让其巢室呈三角形、正方形或其他形状呢？隔墙为什么呈平面，而不是呈曲面呢？虽然蜂窝是一个三维体建筑，但每一个蜂巢都是六面柱体，而蜂蜡墙的总面积仅与蜂巢的截面有关。由此引出一个数学问题，即寻找面积最大、周长最小的平面图形。

1943 年，匈牙利数学家陶斯巧妙地证明，在所有首尾相连的正多边形中，正六边形的周长是最小的。但如果多边形的边是曲线时，会发生什么情况呢？陶斯认为，正六边形与其他任何形状的图形相比，它的周长最小，但他不能证明这一点。而黑尔在考虑了周边是曲线时，无论是曲线向外突，还是向内凹，都证明了由许多正六边形组成的图形周长最小。他已将 19 页的证明过程放在因特网上，许多专家都已看到了这一证明，认为黑尔的证明是正确的。

加拿大科学记者德富林在《环球邮报》上撰文称，经过 1600 年的努力，数学家终于证明蜜蜂是世界上工作效率最高的建筑者。

## 欧 氏 几 何

欧几里得几何简称"欧氏几何"，是几何学的一门分科。数学上，欧几里得几何是平面和三维空间中常见的几何，基于点线面假设。数学家也用这一术语表示具有相似性质的高维几何。

欧氏几何源于公元前 3 世纪。古希腊数学家欧几里得把人们公认的一些几何知识作为定义和公理，在此基础上研究图形的性质，推导出一系列定理，组成演绎体系，写出了《几何原本》，形成了欧氏几何。按所讨论的图形在平面上或空间中，又分别称为"平面几何"与"立体几何"。

欧几里得几何的五条公理并未具有完备性。例如，该几何中有定理：在任意直线线段上可作一等边三角形。他用通常的方法进行构造：以线段为半径，分别以线段的两个端点为圆心作圆，将两个圆的交点作为三角形的第三个顶点。然而，他的公理并不保证这两个圆必定相交。因此，许多公理系统的修订版本被提出，其中有希尔伯特公理系统。

其中公理五又称为平行公设，叙述比较复杂，并不像其他公理那么简单。这个公设衍生出"三角形内角和等于一百八十度"的定理。在高斯的时代，公设五就备受质疑，俄罗斯数学家罗巴切夫斯基、匈牙利人波尔约阐明第五公设只是公理系统的一种可能选择，并非必然的几何真理，也就是"三角形内角和不一定等于一百八十度"，从而发现非欧几里得的几何学，即"非欧几何"。

在欧几里得以前，古希腊人已经积累了大量的几何知识，并开始用逻辑推理的方法去证明一些几何命题的结论。欧几里得将早期许多没有联系和未予严谨证明的定理加以整理，写下《几何原本》一书，标志着欧氏几何学的建立。这部划时代的著作共分 13 卷，465 个命题。其中有八卷讲述几何学，包含了现今中学所学的平面几何和立体几何的内容。但《几何原本》的意义却绝不限于其内容的重要，或者其对诸定理的出色证明。真正重要的是欧几里得在书中创造的公理化方法。

《几何原本》这部科学著作是发行最广而且使用时间最长的书。后又被译成多种文字，共有 2000 多种版本。它的问世是整个数学发展史上意义极其深远的大事，也是整个人类文明史上的里程碑。2000 多年来，这部著作在几何教学中一直占据着统治地位，至今其地位也没有被动摇，包括中国在内的许多国家仍以它为基础作为几何教材。

在证明几何命题时，每一个命题总是从再前一个命题推导出来的，而前一个命题又是从再前一个命题推导出来的。我们不能这样无限地推导下去，应有一些命题作为起点。这些作为论证起点，具有自明性并被公认下来的命题称为公理，如"两点确定一条直线"即是一例。同样对于概念来讲也有些不加定义的原始概念，如点、线等。在一个数学理论系统中，我们尽可能少地先取原始概念和不加证明的若干公理，以此为出发点，利用纯逻辑推理的方法，把该系统建立成一个演绎系统，这样的方法就是公理化方法。欧几里得采用的正是这种方法。他先摆出公理、公设、定义，然后有条不紊地由简单到复杂地证明一系列命题。他以公理、公设、定义为要素，作为已知，先证明了第一个命题。然后又以此为基础，来证明第二个命题，如此下去，证明了大量的命题。其论证之精彩，逻辑之周密，结构之严谨，令人叹为观止。零散的数学理论被他成功地编织为一个从基本假定到最复杂结论的系统。因而在数学发展史上，欧几里得被认为是成功而系统的应用公理化方法的第一人，他的工作被公认为是最早用公理法建立起演绎的数学体系的典范。

公理化方法已经几乎渗透于数学的每一个领域，对数学的发展产生了不可估量的影响，公理化结构已成为现代数学的主要特征。而作为完成公理化结构的最早典范的《几何原本》，用现代的标准来衡量，在逻辑的严谨性上还存在着不少缺点。如一个公理系统都有若干个原始概念（或称不定义概念），如点、线、面就属于这一类。欧几里得对这些都做了定义，但定义本身含混不清。另外，其公理系统也不完备，许多证明不得不借助于直观来完成。此外，个别公理不是独立的，即可以由其他公理推出。这些缺陷直到1899年德国数学家希尔伯特的在其《几何基础》出版时才得到了完善。在这部名著中，希尔伯特成功地建立了欧几里得几何的完整、严谨的公理体系，即所谓的希尔伯特公理体系。这一体系的建立使欧氏几何成为一个逻辑结构非常完善而严谨的几何体系，也标志着欧氏几何完善工作的终结。

# 第五章

# 函数、逻辑与概率

　　函数，最早由中国清朝数学家李善兰翻译，出于其著作《代数学》。之所以这么翻译，他给出的原因是"凡此变数中函彼变数者，则此为彼之函数"，也即函数指一个量随着另一个量的变化而变化，或者说一个量中包含另一个量。概率逻辑是归纳逻辑的一种现代类型。特点是运用现代的逻辑与数学工具，主要是运用数理逻辑与概率理论对归纳逻辑、归纳方法进行形式化、数量化的研究。

# 函数概念的由来

数学史表明，重要的数学概念的产生和发展，对数学发展起着不可估量的作用。有些重要的数学概念对数学分支的产生起着奠定性的作用。函数就是这样的一个重要概念。在笛卡尔引入变量以后，变量和函数等概念日益渗透到科学技术的各个领域。纵览宇宙，运算天体，探索热的传导，揭示电磁秘密，这些都和函数概念息息相关。正是在这些实践过程中，人们对函数的概念不断深化。

回顾一下函数概念的发展史，对于刚接触到函数的初中同学来说，虽然不可能有较深的理解，但无疑对加深理解课堂知识、激发学习兴趣是有益的。

最早提出函数概念的，是 17 世纪德国数学家莱布尼茨。最初莱布尼茨用"函数"一词表示幂。后来，他又用函数表示在直角坐标系中曲线上一点的横坐标、纵坐标。1718 年，莱布尼茨的学生、瑞士数学家贝努利把函数定义为："由某个变量及任意的一个常数结合而成的数量。"意思是凡变量 $x$ 和常量构成的式子都叫作 $x$ 的函数。贝努利所强调的是函数要用公式来表示。

后来，数学家觉得不应该把函数概念局限在只能用公式来表达上。只要一些变量变化，另一些变量能随之而变化就可以，至于这两个变量的关系是否要用公式来表示，就不作为判别函数的标准。

1755 年，瑞士数学家欧拉把函数定义为："如果某些变量，以某一种方式依赖于另一些变量，即当后面这些变量变化时，前面这些变量也随着变化，我们把前面的变量称为后面变量的函数。"在欧拉的定义中，就不强调函数要用公式表示了。由于函数不一定要用公式来表示，欧拉曾把画在坐标系上的曲线也叫函数。他认为："函数是随意画出的一条曲线。"

　　当时有些数学家对于不用公式来表示函数感到很不习惯，有的数学家甚至抱怀疑态度。他们把能用公式表示的函数叫"真函数"，把不能用公式表示的函数叫"假函数"。1821 年，法国数学家柯西给出了类似现在中学课本的函数定义："在某些变数间存在着一定的关系，当一经给定其中某一变数的值，其他变数的值可随着而确定时，则将最初的变数叫自变量，其他各变数叫作函数。"在柯西的定义中，首先出现了自变量一词。

　　1834 年，俄国数学家罗巴契夫斯基进一步提出函数的定义："$x$ 的函数是这样的一个数，它对于每一个 $x$ 都有确定的值，并且随着 $x$ 一起变化。函数值可以由解析式给出，也可以由一个条件给出，这个条件提供了一种寻求全部对应值的方法。函数的这种依赖关系可以存在，但仍然是未知的。"这个定义指出了对应关系（条件）的必要性，利用这个关系，可以来求出每一个 $x$ 的对应值。

　　1837 年，德国数学家狄里克雷认为怎样去建立 $x$ 与 $y$ 之间的对应关系是无关紧要的，所以他对函数的定义是："如果对于 $x$ 的每一个值，$y$ 总有一个完全确定的值与之对应，则 $y$ 是 $x$ 的函数。"这个定义抓住了概念的本质属性，变量 $y$

称为 $x$ 的函数，只需有一个法则存在，使得这个函数取值范围中的每一个值，有一个确定的 $y$ 值和它对应就行了，不管这个法则是公式或图像或表格或其他形式。这个定义比前面的定义带有普遍性，为理论研究和实际应用提供了方便。因此，这个定义曾被长期的使用着。

自从德国数学家康托尔的集合论被大家接受后，用集合的对应关系来定义函数概念就是现在中学课本里用的了。

中文数学书上使用的"函数"一词是转译词。是我国清代数学家李善兰在翻译《代数学》（1895 年）一书时，把"function"译成函数的。中国古代"函"字与"含"字通用，都有着"包含"的意思。李善兰给出的定义是："凡式中含天，为天之函数。"中国古代用天、地、人、物 4 个字来表示 4 个不同的未知数或变量。这个定义的含义是："凡是公式中含有变量 $x$，则该式叫作 $x$ 的函数。"所以"函数"是指公式里含有变量的意思。

在可预见的未来，关于函数的争论、研究、发展、拓广将不会完结，也正是这些影响着数学及其相邻学科的发展。

## 概率的小故事

法国有两个大数学家，一个叫巴斯卡尔，另一个叫费马。

巴斯卡尔认识两个赌徒，这两个赌徒向他提出了一个问题。他们问，他俩下赌金之后，约定谁先赢满 5 局，谁就获得全部赌金。赌了半天，$A$ 赌徒赢了 4 局，$B$ 赌徒赢了 3 局，可是时间很晚了，他们都不想再赌下去了。那么，这个钱应该怎么分？

是不是把钱分成 7 份，赢了 4 局的就拿 4 份，赢了 3 局的就拿 3 份呢？或者，因为最早说的是满 5 局，而谁也没达到，所以就一人分一半呢？

这两种分法都不对。正确的答案是：赢了 4 局的拿这个钱的 3/4，赢了 3 局的拿这个钱的 1/4。

为什么呢？假定他们俩再赌一局，或者 A 赌徒赢，或者 B 赌徒赢。若是 A 赌徒赢满了 5 局，钱应该全归他；A 赌徒如果输了，即 A、B 赌徒各赢 4 局，这个钱应该对半分。现在，A 赌徒赢、输的可能性都是 1/2，所以，他拿的钱应该是 $1/2 \times 1 + 1/2 \times 1/2 = 3/4$，当然，B 赌徒就应该得 1/4。

通过这次讨论，开始形成了概率论当中一个重要的概念——数学期望。

在上述问题中，数学期望是一个平均值，就是对将来不确定的钱今天应该怎么分，这就要用 A 赌徒赢输的概率 1/2 去乘上他可能得到的钱，再把它们加起来。

概率论从此就发展起来，今天已经成为应用非常广泛的一门学科。

# 数 理 逻 辑

逻辑是探索、阐述和确立有效推理原则的学科，最早由古希腊学者亚里士多德创建。用数学的方法研究关于推理、证明等问题的学科就叫作数理逻辑。

数理逻辑又称符号逻辑、理论逻辑。它既是数学的一个分支，也是逻辑学的一个分支。数理逻辑是用数学方法研究逻辑或形式逻辑的学科，其研究对象是对证明和计算这两个直观概念进行符号化以后的形式系统，数理逻辑就是精确化、数学化的形式逻辑，它是现代计算机技术的基础。新的时代将是数学大发展的时代，而数理逻辑将在其中起到很关键的作用。

1847 年，英国数学家布尔发表了《逻辑的数学分析》，建立了"布尔代数"，并创建一套符号系统，利用符号来表示逻辑中的各种概念。布尔建立了一系列的运算法则，对利用代数的方法研究弗雷格逻辑问题，初步奠定了数理逻辑的基础。

19 世纪末 20 世纪初，数理逻辑有了比较大的发展，1884 年，德国数学家弗雷格出版了《算术基础》一书，在书中引入量词的符号，使得数理逻辑的符号系统更加完备。此外，对建立这门学科做出贡献的，还有美国人皮尔斯，他也在著作中引入了逻辑符号。从而使现代数理逻辑最基本的理论基础逐步形成，并成为一门独立的学科。

数理逻辑包括命题演算和谓词演算。

命题演算是研究关于命题如何通过一些逻辑连接词构成更复杂的命题，以及逻辑推理的方法。命题是指具有具体意义的又能判断它是真还是假的句子。

如果我们把命题看作运算的对象，如同代数中的数字、字母或代数式，而把逻辑连接词看作运算符号，就像代数中的"加、减、乘、除"那样，那么由简单命题组成复合命题的过程，就可以当作逻辑运算的过程，也就是命题的演算。

这样的逻辑运算也同代数运算一样具有一定的性质，满足一定的运算规律。例如满足交换律、结合律、分配律，同时也满足逻辑上的同一律、吸收律、双重否定律、狄摩根定律、三段论定律等。利用这些定律，我们可以进行逻辑推理，可以简化复合命题，可以推证两个复合命题是不是等价，也就是它们的真值表是不是完全相同等。

命题演算的一个具体模型就是逻辑代数。逻辑代数也叫作开关代数，它的基本运算是逻辑加、逻辑乘和逻辑非，也就是命题演算中的"或"、"与"、"非"。运算对象只有两个数 0 和 1，相当于命题演算中的"真"和"假"。

逻辑代数的运算特点如同电路分析中的开和关、高电位和低电位、导电和绝缘等现象完全一样，都只有两种不同的状态，因此，它在电路分析中得到广泛的应用。

利用电子元件可以组成相当于逻辑加、逻辑乘和逻辑非的门电路，就是逻辑元件。还能把简单的逻辑元件组成各种逻辑网络，这样任何复杂的逻辑关系都可以由逻辑元件经过适当的组合来实现，从而使电子元件具有逻辑判断的功能。因此，在自动控制方面有重要的应用。

谓词演算也叫作命题涵项演算。在谓词演算里，把命题的内部结构分析成具有主词和谓词的逻辑形式，由命题涵项、逻辑连接词和量词构成命题，然后研究这样的命题之间的逻辑推理关系。

命题涵项就是指除了含有常项以外还含有变项的逻辑公式。常项是指一些确定的对象或者确定的属性和关系；变项是指一定范围内的任何一个，这个范围叫作变项的变域。命题涵项和命题演算不同，它无所谓真和假。如果以一定的对象概念代替变项，那么命题涵项就成为真的或假的命题了。

命题涵项加上全称量词或者存在量词，那么它就成为全称命题或者特称命题了。

数理逻辑这门学科建立以后，发展比较迅速，促进它发展的因素也是多方面的。比如，非欧几何的建立，促使人们去研究非欧几何和欧氏几何的无矛盾性。

集合论的产生是近代数学发展的重大事件，但是在集合论的研究过程中，出现了一次称作数学史上的第三次大危机事件。这次危机是由于发现了集合论的悖论引起的。什么是悖论呢？悖论就是逻辑矛盾。集合论本来是论证很严格的一个分支，被公认为是数学的基础。

数理逻辑还发展了许多新的分支，如递归论、模型论等。递归论主要研究可计算性的理论，它和计算机的发展和应用有密切的关系。模型论主要是研究形式系统和数学模型之间的关系。

数理逻辑这门学科对于数学其他分支如集合论、数论、代数、拓扑学等的发展有重大的影响，特别是对新近形成的计算机科学的发展起了推动作用。反过来，其他学科的发展也推动了数理逻辑的发展。

正因为数理逻辑是一门新兴起而又发展迅速的学科，所以它本身也存在许多问题有待于深入研究。现在许多数学家正针对数理逻辑本身的问题进行研究。

总之，这门学科的重要性已经十分明显，它已经引起了很多人的关心和重视。

# 巧妙的逆向逻辑思维

逆向逻辑思维，是指将人们通常思考问题的思路反过来，用对立的、看上去似乎不可能的办法来解决问题的思维方法。利用这种逻辑思维方法，可以巧妙地解决一些我们正常逻辑思维所不能解决的问题。

比如，我们在解下面的题目时，就可以应用这种逻辑思维方法。

小远买 1 角钱的邮票和 2 角钱的邮票共 100 张，一共花了 17 元钱。他买了 1 角和 2 角邮票各多少张？

解这一题目，假设买来的 100 张都是 2 角邮票，那么总钱数应为：$2 \times 100 = 200$（角）$= 20$（元）。

可实际上小远只花了 17 元钱，比假设少 3 元钱，这是因为其中有 1 角钱的邮票。若有一张 1 角邮票，总钱数就相差 1 角。

由此可求出 1 角邮票张数为：3 元 = 30 角，$30 \div 1 = 30$（张）。

2 角邮票张数为：$100 - 30 = 70$（张）。

# 随机成群效应

我们知道，$\pi$ 是个无限不循环的小数，它的数字排列是无章可循的、随机的，所以，你想从中找到什么规律是不可能的。

但是，在 π 中却显现出一种奇特的现象，比如说，它从第 710 154 个数以后的数字是一连串 7 个相同数字 3。

而且，这种一连串 7 个相同数字的排列在 π 中出现的可能性还相当高。

这是怎么回事？

这是一种随机成群效应。

如果你不断地抛掷一枚硬币，并记下结果，你就会发现有时竟会出现一连串的同样结果。

如果你抬头仰望夜空，会看到恒星成群聚集成为星座。

如果你将豌豆撒在地上，会看见豌豆在地面上汇成一小群。

另外，你也一定知道"祸不单行"的俗语。

这些都是随机成群效应的表现。

你也可以自己动手做一种"糖果花纹"，亲手制造出一种随机成群效应。

制造方法是，取相当数量的红色糖球，再取相当数量的绿色糖球，将两种同样数量的糖球放入玻璃瓶中。不断摇晃这个瓶子直至两种颜色的糖球完全混合均匀为止。

现在注视瓶子的一边。你大概估计会看到两种颜色的糖球已均匀打散了，可是你真正看到的图案都是不规则的，大片红色糖球图案中点缀着许多小群的绿色糖球，且二者总面积相等。图案是如此出人意料，甚至数学家在乍看到时也会相信，大概有某种静电效应使得一种颜色的糖球粘住另一颜色的糖球。实际上起作用的是偶然性。花纹是随机成群的正常结果。

# 四色定理之趣闻

四色定理是一个著名的数学定理：如果在平面上画出一些邻接的有限区域，那么可以用不多于四种颜色来给这些区域染色，使得每两个邻接区域染的颜色都不一样。

四色问题又称四色猜想、四色定理，是世界三大数学猜想之一。四色问题最先是由一位叫格斯里的英国大学生提出来的。一个多世纪以来，数学家们为证明这条定理绞尽脑汁，所引进的概念与方法刺激了拓扑学与图论的生长、发展。

1852年，毕业于伦敦大学的格斯里来到一家科研单位进行地图着色工作时，发现每幅地图都可以只用四种颜色着色。这个现象能不能从数学上加以严格证明呢？他和他正在读大学的弟弟决心试一试，但是稿纸已经堆了一大沓，研究工作却还是没有任何进展。

1852年10月23日，他的弟弟就这个问题的证明请教了他的老师、著名数学家德·摩尔根，摩尔根也没有能找到解决这个问题的途径，于是写信向自己的好友、著名数学家哈密顿爵士请教，但直到1865年哈密顿逝世为止，问题也没有能够解决。

1872年，英国当时最著名的数学家凯利正式向伦敦数学学会提出了这个问题，于是四色猜想成了世界数学界关注的问题。世界上许多一流的数学家都纷纷参加了四色猜想的大会战。但直到最后计算机验证了四色定理是对的时候都没有人能给出证明。

1878 至 1880 年的两年间，著名的律师兼数学家肯普（Alfred Kempe）和泰勒（Peter Guthrie Tait）两人分别提交了证明四色猜想的论文，宣布证明了四色定理。

大家都认为四色猜想从此也就解决了，但其实肯普并没有证明四色问题。11 年后，即 1890 年，在牛津大学就读的年仅 29 岁的赫伍德以自己的精确计算指出了肯普在证明上的漏洞。他指出肯普说没有极小五色地图能有一国具有五个邻国的理由有破绽。不久泰勒的证明也被人们否定了。人们发现他们实际上证明了一个较弱的命题——五色定理。就是说对地图着色，用五种颜色就够了。

人们发现，要证明宽松一点的"五色定理"（即"只用五种颜色就能为所有地图染色"）很容易，但证明四色问题却出人意料地异常困难。曾经有许多人发表四色问题的证明或反例，但都被证实是错误的。

后来，越来越多的数学家虽然对此绞尽脑汁，但仍一无所获。于是，人们开始认识到，这个貌似容易的题目，其实是一个可与费马猜想相媲美的难题。进入 20 世纪以来，科学家们对四色猜想的证明基本上是按照肯普的想法在进行。

1913 年，美国著名数学家、哈佛大学的伯克霍夫利用肯普的想法，并结合自己新的设想，证明了某些大的构形可约。后来，美国数学家富兰克林于 1939 年证明了 22 国以下的地图都可以用四色着色；1950 年，有人从 22 国推进到 35 国；1960 年，有人又证明了 39 国以下的地图可以只用四种颜色着色；随后又推进到了 50 国。看来这种推进仍然十分缓慢。

高速数字计算机的发明，促使更多数学家对"四色问题"的研究。电子计算机问世以后，由于演算速度迅速提高，加之人机对话的出现，大大加快了对四色猜想证明的进程。

1976年，凯尼斯·阿佩尔（K. Appel）和沃夫冈·哈肯（W. Haken）借助电子计算机首次得到一个完全的证明，四色问题也终于成为四色定理。这个证明一开始并不为许多数学家所接受，因为不少人认为这个证明无法用人手直接验证。尽管随着计算机的普及，数学界对计算机辅助证明更能接受，但仍有数学家希望能够找到更简捷或不借助计算机的证明。

这是100多年来吸引许多数学家与数学爱好者的大事，当两位数学家将他们的研究成果发表的时候，当地的邮局在当天发出的所有邮件上都加盖了"四色足够"的特制邮戳，以庆祝这一难题获得解决。

尽管绝大多数数学家对四色定理的证明没有疑问，但某些数学家对经由电脑辅助的证明方式仍旧不够满意，希望能找到一个完全"人工"的证明。正如汤米·R. 延森和比雅尼·托夫特在《图染色问题》一书中问的："是否存在四色定理的一个简短证明，……使得一个合格的数学家能在（比如说）两个星期里验证其正确性呢？"

四色定理与其证明能否称之为"定理"和"证明"，尚有疑问。"证明"的定义也需要进行再次审视。还有人将计算机辅助证明和传统证明的差别比喻为借助天文望远镜发现新星和用肉眼发现新星的区别。计算机证明并没有获得数学界普遍的认可。不少数学家并不满足于计算机取得的成就，他们认为应该有一种简捷明快的书面证明方法。

在平面地图中，为了区分相邻的图形，相邻图形需要使用不同的颜色来上色，与这两个相邻图形都有邻边的图形需要使用第三种颜色，我们先假设四色定理成立，根据四色定理得出在一个平面内最多有四个互有邻边的图形，而因为第四个与三个互有邻边的图形都有邻边的图形，有邻边的图形会包围一个图形，所以一个平面内互有邻边的图形最多有四个，所以四色定理成立。

## 数 独 游 戏

数独前身为"九宫格"，最早起源于中国。数千年前，我们的祖先就发明了洛书，其特点较之现在的数独更为复杂，要求纵向、横向、斜向上的三个数字之和等于15，而非简单的九个数字不能重复。儒家典籍《易经》中的"九宫图"也源于此，故称"洛书九宫图"。而"九宫"之名也因《易经》在中华文化发展史上的重要地位而保存、沿用至今。

现代数独的雏形，则源自18世纪末的瑞士数学家欧拉。其发展经历从早期的"拉丁方块"、"数字拼图"到现在的"数独"，从瑞士、美国、日本再回到欧洲，虽几经周折，却也确立了它在世界谜题领域里的地位，并明确了九个数字的唯一性。

"数独（SUDOKU）"为日语译音，意为"每个数字只能出现一次"。传统数独图形是一个 3 格宽×3 格高的正方形，每一个格又分为一个小九宫格。在方格内根据已知数字进行逻辑推理，得出方格内唯一的未知数字填入每个小宫格中，使得每一行每一列每个小九宫格里 1 到 9 的九个数字不重复。数独游戏在 9×9 的方格内进行，用 1 至 9 之间的数字填满空格，一个格子只能填入一个数字，每个数字在每一行、每一列只能出现一次。

# 第六章

## 数学无处不在

　　数学在我们生活中占据了重要的地位，它随着人类的诞生而诞生，伴随着人类历史的发展而发展。但是很多人却忽视了数学在生活中的真正地位。

# 唐诗中的数学

欣赏唐诗，常常发现许多含有数字的句子，这些简单的数字就它本身来说，既无形象，也不能抒情言志，但经诗人妙笔点化，却能创造出各种美妙的艺术境界，表达出无穷的趣味。

（一）数字的连用

"两人对酌山花开，一杯一杯复一杯。我醉欲眠卿且去，明朝有意抱琴来。"这是李白的《山中与幽人对酌》。诗的首句写"两人对酌"，对酌者是意气相投的"幽人"，于是乎"一杯一杯复一杯"地开怀畅饮了，接连重复三次"一杯"，不但极写饮酒之多，而且极写快意之至，读者仿佛看到了那痛饮狂歌的情景，听到了"将进酒，杯莫停"（《将进酒》）那兴高采烈的劝酒的声音，以至于诗人"我醉欲眠卿且去"，一个随心所欲，恣情纵饮，超凡脱俗的艺术形象呼之欲出。

（二）数字的搭配

"两个黄鹂鸣翠柳，一行白鹭上青天。窗含西岭千秋雪。门泊东吴万里船。"这是杜甫的即景小诗《绝句》。

"两个"写鸟儿在新绿的柳枝上成双成对歌唱，呈现出一派愉悦的景色。"一行"则写出白鹭在"青天"的映衬下，自然成行，无比优美的飞翔姿态。"千秋"言雪景时间之长。"万里"言船景空间之广，给读者以无穷的遐想。这首诗一句一景，一景一个数字，构成了一个优美、和谐的意境。诗人真是视通万里、思接千载、胸怀广阔，让读者叹为观止。

（三）数字的对比

"黄河远上白云间，一片孤城万仞山。羌笛何须怨杨柳，春风不度玉门关。"这是王之涣《凉州词》。这首诗通过对边塞景物的描绘，反映了戍边将士艰苦的征战生活和思乡之情，表达了作者对广大战士的深切同情。首联的两句诗写黄河向远处延伸直上云天，一座孤城坐落在万仞高山之中，极力渲染西北边地辽阔、萧疏的特点，借景物描写衬托征人戍守边塞凄凉幽怨的心情。千岩叠嶂中的孤城，用"一"来修饰，和后面的"万"形成强烈对比，愈显出城地的孤危，勾画出一幅荒寒萧索的景象。

（四）用数字点睛

"万木冻欲折，孤根暖独回。前村深雪里，昨夜一枝开。风递幽香出，禽窥素艳来。明年如应律，先发望春台。"这是齐己的五言律诗《早梅》。齐己曾就这首诗求教于郑谷，诗的第二联原为"前村深雪里，昨夜数枝开。"郑谷读后说："'数枝'非'早'也，未若'一枝'佳。"齐己深为佩服，便将"数枝"改为"一枝"，并称齐己为"一字师"，这虽属传说，但说明"一枝"两字是极为精彩的一笔。这首诗的立意在于"早"，一场大雪过后，万物被积雪所盖，唯见一枝坚毅的梅花蓓蕾初放。

"一"在此表示少，但突出的却是"早"，而"一枝开"使人联想到"昂首怒放花万朵"，其中蕴含的对梅花顽强生命力的赞颂又自在言外。"一"字妙用，切合了"早梅"的立意，在全诗中起到了画龙点睛的作用。

唐诗中运用数字的例子不胜枚举，仅此文一斑，我们便可窥见数字在诗人笔下所产生的审美情趣是多么神奇。

# 战争中的数学应用

（一）方程在海湾战争中的应用

1991年海湾战争时，有一个问题摆在美军计划人员面前，如果伊拉克把科威特的油井全部烧掉，那么冲天的黑烟会造成严重的后果。这还不只是污染，满天烟尘，阳光不能照到地面，就会引起气温下降；如果失去控制，造成全球性的气候变化，可能造成不可挽回的生态与经济后果。五角大楼因此委托一家公司研究这个问题，这个公司利用流体力学的基本方程以及热量传递的方程建立数学模型，经过计算机仿真，得出结论，认为点燃所有的油井后果是严重的，但只会波及到海湾地区以至伊朗南部、印度和巴基斯坦北部，不至于产生全球性的后果。这对美国军方计划海湾战争起了相当的作用，所以有人说："第一次世界大战是化学战争（炸药），第二次世界大战是物理学战争（原子弹），而海湾战争是数学战争。"

（二）巴顿的战舰与浪高

军事边缘参数是军事信息的一个重要分支，它是以概率论、统计学和模拟试验为基础，通过对地形、气候、波浪、水文等自然情况和作战双方兵力、兵器的测试计算，在一般人都认为无法克服、甚至容易处于劣势的险恶环境中，发现实际上可以通过计算运筹，利用各种自然条件的基本战术参数的最高极限或最低极限，如通过计算山地的坡度、河水的深度、雨雪风暴等来驾驭战争险象，为战争胜利提供的一种科学依据。

1942年10月，巴顿将军率领4万多美军，乘100艘战舰，直奔距离美国4000千米的摩洛哥，计划在11月8日凌晨登陆。11月4日，海面上突然刮起西北大风，惊涛骇浪使舰艇倾斜达42度。直到11月6日天气仍无好转。华盛顿总部担心舰队会因大风而全军覆没，电令巴顿的舰队改在地中海沿海的任何其他港口登陆。巴顿回电：不管天气如何，我将按原计划行动。

11月7日午夜，海面突然风平浪静，巴顿军团按计划登陆成功。事后人们说这是侥幸取胜，这位"血胆将军"拿将士的生命作赌注。

其实，巴顿将军在出发前就和气象学家详细研究了摩洛哥海域风浪变化的规律和相关参数，知道11月4日至7日该海域虽然有大风，但根据该海域往常最大浪高波长和舰艇的比例关系，恰恰达不到翻船的程度，不会对整个舰队造成危险。相反，11月8日却是一个有利于登陆的好天气。巴顿正是利用科学预测和可靠边缘参数，抓住"可怕的机会"，突然出现在敌人面前。

（三）山本五十六输在换弹的五分钟

在战争中，有时候忽略了一个小小的数据，也会招致整个战局的失利。

"二战"中日本联合舰队司令山本五十六也是一位"要么全赢，要么输个精光"的"拼命将军"。在中途岛海战中，当日本舰队发现按计划空袭失利，海面出现美军航空母舰时，山本五十六不听同僚的合理建议，妄图一举歼灭敌方，根本不考虑美舰载飞机可能先行攻击的可能。他命令停在甲板上的飞机卸下炸弹换上鱼雷起飞攻击美舰，只图靠鱼雷击沉航空母舰获得最大的打击效果，不考虑飞机在换装鱼雷的过程中可能遭到美机攻击的后果，因为飞机换弹的最快时间是五分钟。

结果，在把炸弹换装鱼雷的五分钟内，日舰和"躺在甲板上的飞机"变成了活靶，受到迅速起飞的美军舰载飞机的"全面屠杀"。日本舰队损失惨重。从此，日本在太平洋海域由战略进攻转入了战略防御。

战后，有些军事评论家把日本联合舰队在中途岛海战失败原因之一归咎于那"错误的五分钟"。可见，忽略了这个看似很小的时间因素的损失是多么重大。

# 元曲中的数学

元曲是我国诗和词由"雅"转"俗"时产生的，它活泼生动，俏皮泼辣，更贴近生活。

元曲中的数字运用比比皆是，随处可见。有些小曲正因数字的巧妙运用而形成其鲜明的艺术特色，得以广泛流传，成为千古绝唱。

如无名氏的《雁儿落带过得胜令》：

一年老一年，一日没一日，一秋又一秋，一辈催一辈；

一聚一离别，一喜一伤悲，一榻一生卧，一生一梦里。

此曲每一句都用两个"一"字，层层递进，以排山倒海之势叹华年易逝，光阴催老，聚散无常。

风格类似的还有徐再思的《水仙子·夜雨》：

一声梧叶一声秋，一点芭蕉一点愁，三更归梦三更后。落灯花，棋未收，叹新丰孤馆人留。枕上十年事，江南二老忧，都到心头。

无名氏的《中吕·红绣鞋》也别具特色：

一两句别人闲话，三四日不把门踏，五六日不来呵在谁家？七八遍买龟儿卦。久已后见他么？十分的憔悴煞。

这支小曲巧妙地运用一、二、三、四、五、六、七、八、九（久）、十等数字，由小到大，按升序排列，将少女因恋人怕人说闲话不敢登门的相思之苦描绘得生动、深刻。

数字本是抽象概念，枯燥单调。但有些诗人运用得巧妙生动，加减乘除，无所不能。语境不同，风格各异。

（一）加法入曲

汤式的《双调·庆东原·京口夜泊》，全曲如下：

故园一千里，孤帆数日程。倚逢窗自叹漂泊命。城头鼓声，江心浪声，山顶钟声，一夜梦难成，三处愁相并。

曲中除运用一千里、孤帆、一夜、三处等数目字外，加法分析运用巧妙，城头＋江心＋山顶＝三处，渲染出作者处处忧愁的孤旅及悲寂的游子情怀。

（二）减法入曲

想人生七十犹稀，百岁光阴，先过了三十，七十年间，十岁顽童，十载尪赢。五十年除分昼黑，刚分得一半儿白日，风雨相催，兔走乌飞。子细沉吟，不如都快活了便宜。

这是卢挚的《双调·蟾宫曲》，曲中巧妙地运用了减法。人生百年，就常人而言，先减去无法过的后三十年，只能按七十岁来计算。七十岁，减去十岁顽童，再减去十年尫羸，等于五十年。接着又用除法，五十年的一半是白天，一半是黑夜。

　　（三）乘法入曲

　　曾有无名氏作这样一曲《水仙子·遣怀》：

　　百年三万六千场，风雨忧愁一半妨。眼儿里觑，心儿上想，教我鬓边丝怎地当，把流年子细推详。一日一个浅酌低唱，一夜一个花烛洞房，能有得多少时光。

　　一年三百六十日，百年三万六千场。乘法运用不着痕迹，非常巧妙。

　　（四）除法入曲

　　问人世谁是英雄？有酾酒临江，横槊曹公。紫盖黄旗，多应借得，赤壁东风。更惊起南阳卧龙，便成名八阵图中。鼎足三分，一分西蜀，一分江东。

　　这是阿鲁威的《双调·蟾宫曲》，曲中巧妙运用了除法分析法，将天下分为三分：一分西蜀，一分江东，一分北魏。

　　元代张可久还作过这样一支曲《沉醉东风·秋夜思》：

　　二十五点秋更鼓声，千三百里水馆邮程。青山去路长，红树西风冷。百年人半纸虚名，得似璚源阁上僧，午睡足梅窗日影。

　　曲中巧妙运用了除法。古时夜里以击鼓计时，每夜五更。二十五点除以五等于五，是五个夜晚。

　　这样的例子还能举出很多，如马致远的《折桂令·叹世》中"咸阳百二山河，两字功名，几阵干戈"。姚燧的

《越调·凭阑人》"博带峨冠年少郎，高髻云鬟窈窕娘。我文章你艳妆，你一斤我十六两"。曲中运用单位换算，一斤等于十六两，指郎才女貌，两相相当，妙绝。再如卢挚的《节节高·题洞庭湖鹿角庙壁》中"风微浪息，扁舟一叶，半夜心，三生梦，万里别"，无名氏的《叨叨令》中"黄尘万古长安路，折碑三尺邙山墓，西风一叶乌江渡，夕阳十里邯郸树"。这里不再列举。

从这些曲中可看出：曲因数字而生趣，数字因曲而生动。


# 来自大海的数学宝藏


有道是海洋是生命的摇篮。在大海中与在陆地上一样，生命的形式成为数学思想的一种财富。

人们能够在贝壳的形式里看到众多类型的螺线。有小室的鹦鹉螺和鹦鹉螺化石给出的是等角螺线。海狮螺和其他锥形贝壳，为我们提供了三维螺线的例子。

对称充满于海洋——轴对称可见于蚶蛤等贝壳、古生代的三叶虫、龙虾、鱼和其他动物身体的形状；而中心对称则见于放射虫类和海胆等。

几何形状也同样丰富多彩——在美国东部的海胆中可以见到五边形，而海盘车的尖端外形可见到各种不同边数的正多边形；海胆的轮廓为球状；圆的渐开线则相似于鸟蛤壳形成的曲线；多面体的形状在各种放射虫类中可以看得很清楚；海边的岩石在海浪天长地久的拍击下变成了圆形或椭圆形；珊瑚虫和自由状水母则形成随机弯曲或近平分形的曲线。

黄金矩形和黄金比也出现在海洋生物上——无论哪里有正五边形，在那里我们就能找到黄金比。在美国东部海胆的形状图案里，就有许许多多的五边形；而黄金矩形则直接表现在带小室的鹦鹉螺和其他贝壳类的生物上。

在海水下游泳可以给人们一种真正的三维感觉。人们能够几乎毫不费力地游向空间的各个方向。

在海洋里我们甚至还能发现镶嵌的图案。为数众多的鱼鳞花样，便是一种完美的镶嵌。

海洋的波浪由摆线和正弦曲线组成。波浪的动作像是一种永恒的运动。海洋的波浪有着各种各样的形状和大小，有时强烈而难于抗拒，有时却温顺而平静柔和，但它们总是美丽的，而且为数学的原则（摆线、正弦曲线和统计学）所控制。最后，难道没有理由认为海中的沙曾经激发了古代人形成了无限的遐想？当我们对每一个数学思想进行深层次研究的时候，会发觉它们是复杂和连带的。而每当在自然界中发现它们时，便就获得了一种新的意义和联系。

## 植物的数学奇趣

人类很早就从植物中看到了数学特征：花瓣对称排列在花托边缘，整个花朵几乎完美无缺地呈现出辐射对称形状，叶子沿着植物茎秆相互叠起，有些植物的叶子是圆的，有些是刺状，有些则是轻巧的伞状……所有这一切向我们展示了许多美丽的数学模式。

著名数学家笛卡儿，根据他所研究的一簇花瓣和叶形曲线特征，列出了 $x^3 + y^3 - 3axy = 0$ 的方程式，这就是现代数学中有名的"笛卡儿叶线"（或者叫"叶形线"），数学家还为它取了一个诗意的名字——茉莉花瓣曲线。

后来，科学家又发现，植物的花瓣、萼片、果实的数目以及其他方面的特征，都非常吻合于一个奇特的数列——著名的斐波那契数列：1，2，3，5，8，13，21，34，55，89……其中，从 3 开始，每一个数字都是前二项之和。

向日葵种子的排列方式，也是一种典型的数学模式。仔细观察向日葵花盘，你就会发现两组螺旋线，一组沿顺时针方向盘绕，另一组则沿逆时针方向盘绕，并且彼此镶嵌。虽然不同的向日葵品种中，种子顺、逆时针方向和螺旋线的数量有所不同，但往往不会超出 34 和 55、55 和 89 或 89 和 144 这三组数字，这每组数字就是斐波那契数列中相邻的两个数。前一个数是顺时针盘绕的线数，后一个数是逆时针盘绕的线数。

雏菊的花盘也有类似的数学模式，只不过数字略小一些。菠萝果实上的菱形鳞片，一行行排列起来，8 行向左倾斜，13 行向右倾斜。挪威云杉的球果在一个方向上有 3 行鳞片，在另一个方向上有 5 行鳞片。常见的落叶松是一种针叶树，其松果上的鳞片在两个方向上各排列成 3 行和 5 行……

如果是遗传因素决定了花朵的花瓣数和松果的鳞片数，

那么为什么斐波那契数列会与此如此的巧合？这也是植物在大自然中长期适应和进化的结果。因为植物所显示的数学特征是植物生长在动态过程中必然会产生的结果，它受到数学规律的严格约束，换句话说，植物的生长规律离不开斐波那契数列，就像盐的晶体必然具有立方体的形状一样。由于该数列中的数值越靠后越大，因此两个相邻的数字之商将越来越接近0.618 034这个值，例如，34/55＝0.6182，已经与之接近，这个比值的准确极限是"黄金数"。

数学中，还有一个称为黄金角的数值是137.5度，这是圆的黄金分割的张角，更精确的值应该是137.507 76度。与黄金数一样，黄金角同样受植物的青睐。

车前草是我国西安地区常见的一种小草，它那轮生的叶片间的夹角正好是137.5度，按照这一角度排列的叶片，能很好地镶嵌而又互不重叠，这是植物采光面积最大的排列方式，每片叶子都可以最大限度地获得阳光，从而有效地提高植物光合作用的效率。建筑师们参照车前草叶片排列的数学模型，设计出了新颖的螺旋式高楼，最佳的采光效果使得高楼的每个房间都很明亮。1979年，英国科学家沃格尔用大小相同的许多圆点代表向日葵花盘中的种子，根据斐波那契数列的规则，尽可能紧密地将这些圆点挤压在一起。他用计算机模拟向日葵的结果显示，若发散角小于137.5度，那么花盘上就会出现间隙，且只能看到一组螺旋线；若发散角大于137.5度，花盘上也会出现间隙，而此时又会看到另一组螺旋线；只有当发散角等于黄金角时，花盘上才呈现彼此紧密镶嵌的两组螺旋线。

所以，向日葵等植物在生长过程中，只有选择这种数学模式，花盘上种子的分布才最为有效，花盘也变得最坚固壮实，产生后代的概率也最高。


# 计算机要用二进制


电子计算机能以极高速度进行信息处理和加工，包括数据处理和加工，而且有极大的信息存储能力。数据在计算机中以器件的物理状态表示，采用二进制数字系统，计算机处理所有的字符或符号也要用二进制编码来表示。

用二进制的优点是容易表示，运算规则简单，节省设备。人们知道，具有两种稳定状态的元件（如晶体管的导通和截止，继电器的接通和断开，电脉冲电平的高低等）容易找到，而要找到具有 10 种稳定状态的元件来对应十进制的 10 个数就困难了。二进制数的基数是 2，只有 0 和 1 两个数字，逢 2 进 1。十进制数有 0，1，…，9 十个数字，逢 10 进 1。

因为二进制最简单，只有 0 和 1，计算的速度也是最快的，而十六进制，十进制还是八进制都没有二进制快。

二进位制在计算机内部的使用是再自然不过的。但在人机交流上，二进位制有致命的弱点——数字的书写特别冗长。例如，十进位制的 100 000 写成二进位制成为 11 000 011 010 100 000。为了解决这个问题，在计算机的理论和应用中还使用两种辅助的进位制——八进位制和十六进位制。二进位制的三个数位正好记为八进位制的一个数位，这样，数字长度就只有二进位制的三分之一，与十进位制记的数字长度相差不多。例如，十进位制的 100 000 写成八进位制就是303 240。十六进位制的一个数位可以代表二进位制的四个数位，这样，一个字节正好是十六进位制的两个数位。十六进位制要求使用十六个不同的符号，除了 0 到 9 十个符号外，常用 A、B、C、D、E、F 六个符号分别代表（十进位制的）10、11、12、13、14、15。这样，十进位制的 100 000 写成十六进位制就是 18 6A0。

二进位制和八进位制、二进位制和十六进位制之间的换算都十分简便，而采用八进位制和十六进位制又避免了数字冗长带来的不便。所以八进位制、十六进位制已成为人机交流中常用的记数法。

展望未来的计算机要采用几进位制？

如果未来开发出可以表示三种状态的硬件的话可以采用八进位制，开发出表示四位状态来的话可以采用十六进位制，反正是 2 的正数次幂。

# 线 性 代 数

线性代数是代数的一个重要学科，那么什么是代数呢？代数英文是 Algebra，源于阿拉伯语。其本意是"结合在一起"。也就是说代数的功能是把许多看似不相关的事物"结合在一起"，也就是进行抽象。抽象的目的不是为了显示某些人智商高，而是为了解决问题的方便！为了提高效率。把一些看似不相关的问题划归为一类问题。

线性代数中的一个重要概念是线性空间（对所谓的"加法"和"数乘"满足 8 条公理的集合），而其元素被称为向量。也就是说，只要满足那么几条公理，我们就可以对一个集合进行线性化处理。可以把一个不太明白的结构用已经熟知的线性代数理论来处理，如果我们可以知道所研究的对象的维数（比如说是 $n$），我们就可以把它等同为 $R^n$，量决定了质！多么深刻而美妙的结论！

如果我们能够把它用在生活中，那么我们的生活将是高效率的。

下面简要谈一下线性代数的具体应用。线性代数研究最多的就是矩阵了。矩阵又是什么呢？矩阵就是一个数表，而这个数表可以进行变换，以形成新的数表。也就是说如果你抽象出某种变化的规律，你就可以用代数的理论对你所研究的数表进行变换，并得出你想要的一些结论。

另外，进一步的学科有运筹学。运筹学的一个重要议题是线性规划，而线性规划要用到大量的线性代数的处理。如果掌握的线性代数及线性规划，那么你就可以将实际生活中的大量问题抽象为线性规划问题。以得到最优解：比如你是一家小商店的老板，你可以合理的安排各种商品的进货，以达到最大利润。如果你是一个大家庭中的一员，你又可以用规划的办法来使你们的家庭预算达到最小。这些都是实际的应用啊！

线性代数在数学、力学、物理学和技术学科中有各种重要应用，因而它在各种代数分支中占据首要地位。在计算机广泛应用的今天，计算机图形学、计算机辅助设计、密码学、虚拟现实等技术无不以线性代数为其理论和算法基础的一部分。线性代数所体现的几何观念与代数方法之间的联系，从具体概念抽象出来的公理化方法以及严谨的逻辑推证、巧妙的归纳综合等，对于强化人们的数学训练，增益科学智能是非常有用的。随着科学的发展，我们不仅要研究单个变量之间的关系，还要进一步研究多个变量之间的关系，各种实际问题在大多数情况下可以线性化，而由于计算机的发展，线性化了的问题又可以计算出来，线性代数正是解决这些问题的有力工具。

总之，线性代数历经如此长的时间而生命力旺盛，可见它的应用之广！数学是美的，更是有用的！

# 解 析 几 何

解析几何系指借助笛卡尔坐标系，由笛卡尔、费马等数学家创立并发展。它用代数方法研究集合对象之间的关系和性质的一门几何学分支，亦叫作坐标几何。

解析几何包括平面解析几何和空间解析几何两部分。平面解析几何通过平面直角坐标系，建立点与实数对之间的一一对应关系，以及曲线与方程之间的一一对应关系，运用代数方法研究几何问题，或用几何方法研究代数问题。17 世纪以来，由于航海、天文、力学、经济、军事、生产的发展，以及初等几何和初等代数的迅速发展，促进了解析几何的建立，并被广泛应用于数学的各个分支。在解析几何创立以前，几何与代数是彼此独立的两个分支。解析几何的建立第一次真正实现了几何方法与代数方法的结合，使形与数统一起来，这是数学发展史上的一次重大突破。

作为变量数学发展的第一个决定性步骤，解析几何的建立对于微积分的诞生有着不可估量的作用。

解析几何的创立，引入了一系列新的数学概念，特别是将变量引入数学，使数学进入了一个新的发展时期，这就是变量数学的时期。解析几何在数学发展中起了推动作用。恩格斯对此曾经作过评价"数学中的转折点是笛卡尔的变数，有了变数，运动进入了数学；有了变数，辩证法进入了数学；有了变数，微分和积分也就立刻成为必要的了……"

在平面解析几何中，除了研究直线的有关性质外，主要是研究圆锥曲线（圆、椭圆、抛物线、双曲线）的有关性质。

在空间解析几何中，除了研究平面、直线有关性质外，主要研究柱面、锥面、旋转曲面。

如椭圆、双曲线、抛物线的有些性质，在生产或生活中被广泛应用。比如电影放映机的聚光灯泡的反射面是椭圆形面，灯丝在一个焦点上，影片门在另一个焦点上；探照灯、聚光灯、太阳灶、雷达天线、卫星天线、射电望远镜等都是利用抛物线的原理制成的。

总的来说，解析几何运用坐标法可以解决两类基本问题：一类是满足给定条件点的轨迹，通过坐标系建立它的方程；另一类是通过方程的讨论，研究方程所表示的曲线性质。

运用坐标法解决问题的步骤是：首先在平面上建立坐标系，把已知点的轨迹的几何条件"翻译"成代数方程；然后运用代数工具对方程进行研究；最后把代数方程的性质用几何语言叙述，从而得到原先几何问题的答案。

坐标法的思想促使人们运用各种代数的方法解决几何问题。先前被看作几何学中的难题，一旦运用代数方法后就变得平淡无奇了。坐标法对近代数学的机械化证明也提供了有力的工具。


# 金字塔中的数学


埃及金字塔和我们中国古代皇帝的陵墓一样，只不过我国历史上皇帝的古墓都是修建在地下，埃及人的古墓是修建在地面之上的。

埃及金字塔由巨石垒成，建于公元前 2090 年左右，因为工程巨大，每个石块均重 2.5 吨，最重的有十几吨，这些石块从何而来，埃及人是怎么用它们建造了金字塔，在历史上一直是个谜，直到现在还没有解开。或许，聪明的你，有一天能告诉我们，这些不解之谜的答案。埃及金字塔最神秘的就是它身上的那些数字了。

人们到现在已经知道，由于地球公转轨道是椭圆形的，因而从地球到太阳的距离，也就在 1.4624 亿千米到 1.5136 亿万千米之间，从而使人们将地球与太阳之间的平均距离 149 597 870 千米定为一个天文度量单位（现代科学通过精确测量日地平均距离为 149 597 870 千米，大约为 1.5 亿千米）；如果现在把胡夫金字塔的高度 146.59 米乘以 10 亿，其结果是 1.4659 亿千米正好落在 1.4624 亿千米到 1.5136 亿千米这个范围内。

事实上，这个数字很难说是出于巧合，因为胡夫金字塔的子午线，正好把地球上的陆地与海洋分成相等的两部分。难道说埃及人在远古时代就能够进行如此精确的天文与地理测量吗？

古埃及是世界历史上最悠久的文明古国之一。金字塔是古埃及文明的代表作，它建造于沙漠之中，结构精巧，外形宏伟，是埃及的象征。金字塔分布在尼罗河两岸，古上埃及和下埃及，今苏丹和埃及境内。据说金字塔是古埃及法老的陵寝，大小都不一致，最高大的是胡夫金字塔，高 137.2 米，底长 230 米，共用 230 万块平均每块 2.5 吨重的石块砌成，占地 52 000 平方米。

想要探究其中的奥秘，必须拥有相当扎实的科学基本功，而这些无一不是以数学为基础，所以想要成为一个很好的探险家，一定要学好数学。

## 数学与文学

数学和文学的联系常常被人们所忽略，实际上数学给文学提供了很多素材，同时对于文学上的一些悬案也提供了大量的帮助。

司马相如和卓文君的爱情故事流传了 2000 多年，其中有一首数字诗也跟着流传了下来："一别之后，二地相悬，只说是三四月，又谁知五六年，七弦琴无心弹，八行书无可传，九曲环从中折断，十里长亭望眼欲穿。百思想，千系念，万般无奈把君怨。万语千言说不完，百无聊赖十依栏。重九登高看孤雁，八月中秋月圆人不圆，七月半，秉烛烧香问苍天，六月伏天人人摇扇我心寒。五月石榴似火红，偏遇阵阵冷雨浇花端。四月枇杷未黄，我欲对镜心意乱。忽匆匆，三月桃花随水转。飘零零，二月风筝线儿断，噫！郎呀郎，巴不得下一世，你为女来我做男。"

据说当时有异心的司马相如看到此诗后马上回心转意，又回到了卓文君的身边。

一首数字诗挽救了美丽的爱情，也可见数字诗的魅力。

当然在泱泱中华上下五千年文明史中，数字诗还很多。

比如：一去二三里，烟村四五家，亭台六七座，八九十枝花。

短短二十字，竟然有十个数字，但描绘了一幅乡间美景，你如何能忽视数学在文学中的魅力！

当然，在我国文学史上还有诗专门用数字来命名的：十字令、十六字令等。

比如这首说泥塑菩萨的十字令："一声不响，二目无光，三餐不食，四肢无力，五官不正，六亲不认，七窍不通，八面威风，久（九）坐不动，十分无用。"当年毛主席就用它来形容一些庸（懒）官。

同时数学对一些文学悬案也提供了一种新的鉴定方法。

现在《红楼梦》的著者已经知道是曹雪芹了，是高鹗续的后四十回，以前争论的时候，就有人用统计的方法分析《红楼梦》里的字句和长短句出现的频率，发现了前八十回和后四十回明显不同，从而得出了《红楼梦》不是同一人所写的结论。

数学和文学还有一个桥梁相连：谜语。

如王维的《使至塞上》中的两句："大漠孤烟直，长河落日圆。"这不正是数学中的垂直和相切吗？

再如："一骑红尘妃子笑"打一数学家。

再如：0，2，4，8，10，打一成语。

对联在我国的历史和文学史上占有重要的地位，但这里面也出现了数学的身影。

清朝乾隆举办千叟宴时出了一个上联："花甲重开，外加三七岁月"，纪晓岚对的是"古稀双庆，又多一个春秋"。上下联都嵌入了数字，也都说出了那个老人的年龄：141岁。

还是这个纪晓岚，在乾隆五十寿宴上也送上了一副对联："四万里皇图，伊古以来，从无一朝一统四万里；五十年圣寿，自前兹往，尚有九千九百五十年。"

关于数字联比较好的是某个千佛寺的对联："万瓦千砖，百匠造成十佛寺；一舟二橹，三人摇过四仙桥。"

其实最绝的还是下面这幅：

上联：二二三三四四五五

下联：六六七七八八九九

横批：二四七三

它把社会的黑暗披露的淋漓尽致。

# 数学与体育

1982 年 11 月在印度的亚运会上，我国著名跳高运动员朱建华跳过了 2 米 33 的高度，已经稳获冠军，但他没有停止脚步，还要向 2 米 37 的高度进军。只见他快速助跑，有力的弹跳，身体腾空而起，上身过了横杆，臀部、大腿，甚至小腿都过了横杆。可惜脚跟擦到了横杆，失败了。专家认为他失败的原因是起跳点没选择对，远了 40 多厘米。

现在的体育水平越来越高，竞争也越来越激烈，怎样取得好成绩？运用数学的方法是一个有效的渠道。

比如 20 世纪 70 年代，美国的计算专家爱史特运用数学、力学，并借助计算机研究了当时铁饼投掷冠军的投掷技术，据此提出了改正投掷技术训练的方法，结果使这位冠军短期内将成绩提高了四米，并在奥运会上一连三次打破了世界纪录。

现在欧洲足球联赛的水平较高，对抗十分激烈，如何选拔年轻球员，如何安排上场球员成了一个大问题。尤其是前者，因为可能一不小心一个巨星就从你手边溜走了。

所以现在兴起了一门新的学科：足球统计学。

这门新学科从多个方面如：心理素质、抢点意识、整体意识、跑位意识、积极性等方面，甚至还包括一场比赛或训练中的跑动强度、抬腿次数等。当然还包括教练对球员的评价、专家对球员的评价和球员自评等，力求客观地评价球员。

数学为体育提供了帮助，反过来，体育也促进了数学发展。

由于丁俊晖的出名，斯诺克台球成了不少人发展的又一个方向。在英国，斯诺克台球已经被引入了小学的体育课中，其目的之一是辅助代数、几何这些课程的教学。

教育专家说，要练习"斯诺克"，学生必须学会计分方法，这可以提高儿童学习算术的信心；而为了得分，学生必须准确计算球杆的合适角度，这同样蕴含了几何知识。

当然斯诺克练好了，未必数学一定能学好，数学学好了，斯诺克也未必能练好，但是我们不能否认在斯诺克中所蕴含的数学知识。

在准备北京奥运会期间，我们都期望我国运动员们能在家门口取得好成绩，因为，这是第一次在家门口举办奥运会，更是为了中华民族的尊严。

但是我们也不得不承认在某些项目上，我们还比较落后，这时候如果能组织一些数学家，对运动员进行跟踪调查，收集、整理、分析这些运动员的相关数据，并结合实际提出一些行之有效的训练方法，相信能提高他们的成绩。

## 数学和游戏

提到游戏，好像和数学沾不上边，而数学好像也并不好玩。

其实益智游戏如积木、拼图、迷宫、七巧板、九连环、华容道、魔方等都能帮助孩子们进行推理和思考，同时还能让孩子们获取数学方面的感性知识，锻炼孩子们的数学能力，培养孩子们的数学兴趣。

数学大师陈省身为中国少年数学论坛题词："数学好玩"。

2002 年国际数学大会在北京举行，在同时举行的中国古典数学玩具展览会上，这类玩具吸引了近 10 万名参观者，让 4000 多位顶级数学大师赞不绝口。第 23 届国际数学家大会主席道·本博士说："这是献给第 24 届国际数学家大会最好的礼物。这个展览把数学和人们的距离拉近了，让孩子们在玩具中感悟数学的原理，在游戏中享受数学的乐趣。这是我看到的最好的数学展览。希望所有热爱数学的孩子们都应该到这儿来看看。"

这些玩具中就有上文所提到的九连环，它被国外一些人称作"中国环"。把九连环完全拆开需要 500 多步，它的解法蕴含了电脑编程原理，解的过程包含了拓扑学原理。

也无怪乎西方将九连环、华容道等玩具称作"中国的难题"。

益智玩具好像离我们有些远，那再看近一些的：扑克和麻将。

无论哪种玩法，很多人都认为打扑克和运气有关，都希望抓到好牌。其实打扑克的输赢，并不必然地取决于手中牌的好坏。只要能充分利用局面中有利于自己的因素，找出最好的组合和出牌的时机，也完全有可能改变局面。

美国前总统艾森豪威尔年轻的时候有一次和别人打扑

克，整晚手气都不好，他忍不住诅咒这可恨的牌运。他的母亲盯着他说："你到底还打不打牌？上天给你的就是这样一副牌，如果你不想放弃，就请你好好打手中的牌。"这句话给了他很大的启示，在以后的生活和工作中，他常用这句话来鞭策自己。

打好手中的牌并不容易，它需要你去考虑自己手中的牌该怎么出，还要计算别人手中的牌，并预测他们会怎么出牌，这都需要数学知识。

有些人说麻将是"国粹"。其实麻将本身就是排列组合，但看起来虽然简单，打起来却不简单。比如计算和牌时赢了多少就有很多花样。

有人这样描述打麻将："四个人，不讲团结，不讲合作，人人一肚子坏水，宁愿自己没好日子过，也要把上家的牌吃尽，把下家的牌封死。"

在打麻将的过程中需要有全局的考虑和判断，而这需要熟练度，数学要学好也是一样。

说到扑克和麻将，有件事就不能不提：赌博。

17世纪中叶，法国的一位贵族在赌博过程中，因事在胜负未分时必须终止赌博，但金币如何分配成了问题，于是他写信给帕斯卡求助，由此而使数学产生了一个新的分支：概率论。

没想到300多年后，概率论又重新回到了赌场。

20世纪90年代初开始，一群麻省理工学院的学生组织了"21点小组"，专门对付赌场中的"21点"游戏。有一段时间，他们每个周末都至少在拉斯维加斯赢40万美元。

其实概率论从来没有从赌场中离开，只是赌场上很少有人认识概率而已。

数学有点像魔术中的变戏法，它让你有时候绞尽脑汁仍束手无策，有时候又猛地豁然开朗。

在学习数学的时候，大多数人都把数学当成是一个非常认真和慎重的事。这本身并没有什么错误，但是也应当带着一种新奇的、游戏的目光来看待数学。这样才能建立起对数学的兴趣，从而更好地学习数学，这点对学生而言，尤其重要。

# 第七章

## 现代数学理论

　　现代数学时期是指从 19 世纪 20 年代至今，这一时期数学主要研究的是最一般的数量关系和空间形式，数和量仅仅是它的极特殊的情形，通常的一维、二维、三维空间的几何形象也仅仅是特殊情形。抽象代数、拓扑学、泛函分析是整个现代数学科学的主体部分。它们是大学数学专业的课程，非数学专业也要具备其中某些知识。

# 极限中的微积分

微积分是数学史上最伟大的创举之一，是由英国的牛顿和德国的莱布尼兹于 17 世纪创造的。牛顿的出发点是变化率，而莱布尼兹的出发点则是微分。创立微积分的动力来自于 17 世纪的主要的科学问题。

如：甲求运动物体的瞬时速度，乙求曲线的切线，丙求一个物体对另一个物体的引力，丁求曲线所围的面积等。

甲和乙、丙和丁看似毫不相干的问题，在数学上却发现是相同的，前者就是求导数，后者则可归为积分——反微分。数学就是从一些特殊的问题中提炼出来，研究其普遍规律的，而这种普遍性使得数学具有广泛的应用性，并渗透到各个领域。

我们来计算半径为 1 的圆的周长，请画个图想一想。这儿有个简便的方法：在圆内画个内接正六边形，然后在正六边形每个边对应的弧的中点连接正六边形边的两端，画正十二边形，如此画下去，可以发现正多边形的周边，越来越逼近圆周。因此，可设想圆周长就是正多边形的周边长的极限——这是微积分中的一个重要概念。在这个计算过程中，我们用了易测量的直线段来代替弧，这就是微分的思想——以直代曲。这样做显然会有误差，解决误差的办法，就是精细地、无限地做下去的极限。积分就是无限精细下去的"累加"，所以圆周长就是个积分值，它是内接正多边形的边长总和的极限。

微积分中的一个重要概念就是：函数在一点处的极限是函数值随自变量趋于一个确定的点时所趋于的那个唯一确定的数；导数是函数对自变量的变化率，即函数平均变化率的极限。微分是微积分中与导数密切相关的另一个重要的概念，在确定的一点 $x_0$ 处任给一个增量 h，如果函数具有如下表示式：

$f(x_0+h) - f(x_0) = Ah + \alpha(h)$ 其中 A 是个确定的数，$\alpha(h)$ 是一个较 h 趋于零速度更快地趋于零的量，那么 Ah 就是函数 $f(x)$ 在 $x_0$ 处的微分；$y = f(x_0+h)$ 是个曲线，$y = Ah$ 是个线段，而 $\alpha(h)$ 就是误差。从导数的定义容易看出 A 就是 $f(x)$ 在 $x_0$ 处的导数。如果我们把式中的 $\alpha(h)$ 扔掉，就得到微分在近似计算上的应用；积分是微分的逆运算，有关求和的问题可用它来计算；级数可以说明为无限个数按照一定的顺序逐个加起来的形式，这个形式可能有一个确定的和数，也可能没有，这是有限向无限转换在思想上的一个飞跃。

## 有精确边界的模糊数学

康德的经典集合论基于同一律、矛盾律和排中律这三大定律。也就是说，对于任何给定的集合，我们研究的对象要么属于这个集合，要么不属于这个集合，二者必居其一，且仅居其一。然而，在现实生活中，很多情况并不具有这种清晰性。例如"老人"、"高个子"、"高温"、"秃头"、"阴天"、

"黄昏"等。

于是查德于 1965 年给出了"模糊集合"的概念，这一概念是相对于经典集合而提出的。我们可以回想一下什么是经典集合。通常地，一个集合被描述成某个域 $x$ 上的元素的总和，其中元素个数可以是有限的、可数的或连续的。对于给定的域 $x$，则 $x$ 上的集合 $A$ 是有精确边界的，即任何的 $x \in X$，$x$ 要么属于 $A$ 要么不属于 $A$。这样的经典集合可由特征函数来描述，即特征函数值为 1 表示 $x \in A$，特征函数值为 0 表示 $x \notin A$。而模糊集合的定义为：设 $X$ 为一个域，则 $X$ 上的模糊集合是指如下的有序对的集合：

$A = \{ [x, \mu A (x)] \mid x \in x \}$ 其中 $\mu A (x)$ 称为 $A$ 的隶属函数；通常地，隶属函数是 $x$ 到区间 $[0, 1]$ 的一个映射。隶属函数 $\mu A (x)$ 越接近 1，说明 $x$ 属于 $A$ 的程度越高。如果区间 $[0, 1]$ 退化成 $\{0, 1\}$ 两点，则 $\mu A (x)$ 即是 $A$ 的特征函数，而 $A$ 就是我们熟知的经典集合。

模糊集合是模糊数学的基础。模糊数学是研究处理模糊现象的数学，其中模糊性是指事物的差异的中间过渡性所引起的划分上的"亦此亦彼"性。模糊数学的研究受到了越来越广泛的重视，其应用范围已遍及理、工、农、医和社会科学等诸多领域，并已显示出巨大的力量。

### 引发金融革命的金融数学

金融数学是从 20 世纪 90 年代起蓬勃发展的新兴边缘学科，在国际金融界和应用数学界受到高度重视。1997 年诺贝尔经济学奖授予 Scholes 和 Merton，就是为了奖励他们在期权定价（如著名的 Black－Scholes 公式）等金融数学方面的贡献。

长期以来，由于金融市场的不确定性与高风险性，人们一直在探索利用各种因素正确评估资产风险和期权（或衍生证券）价格的有效方法。金融数学模型的建立，对金融市场风险分析、预测与监控有着非常重要的作用。20 世纪 50 年代末 60 年代初，Markowitz 的投资组合的均值—方差理论与 Sharpe 的资本资产定价理论，开创了金融数学理论的先河，他们的理论引发了所谓的第一次"华尔街革命"。第二次"华尔街革命"是由 Black 和 Scholes 于 1973 年提出的衍生证券定价理论促成的。正是这两次"革命"构成了蓬勃发展的新学科——金融数学的主要内容，同时也是研究新型衍生证券设计的新学科——金融工程的理论基础。

在衍生证券定价理论中，最典型的是所谓欧式看涨期权的定价。通俗地说，此期权就是一份合约，合约双方在 $t=0$ 时刻商定一个执行合约，规定买方在给定的时刻 $t$（到期日）以执行价格买入卖方的一份股票，但只有买方有优先权，即在 $t$ 时刻买方认为不合适，就可以放弃合约。显然，若该期权到期，则该期权的价值（亦即买方在 $t$ 时刻获益）为股票市价与执行价格的差价的绝对值，这是一种只有到了 $t$ 时刻才能确定其真正获益大小的随机变量，称为或有债权。一般情形的或有债权的一个重要用途就是帮助各类投资者在风险迭起的生产和贸易活动中进行套期保值，以回避风险，它也构成了金融工程的主要数学基础。

利用金融数学技巧获得的期权定价理论，已被推广到其他金融问题的研究之中，如期货、债券、可转换债券、利率掉期、外汇汇率等，并广泛应用于包括公司债券、可变利率抵押、抵押贷款、保险和税法在内的金融证券和合同的广阔领域。该理论和方法不仅适用于证券市场的资产定价，也适应于证券市场的风险分析。它的应用已受到各国政府的重视，而且取得了很好的实效。

## 数学技术化的运筹学

运筹学是半个世纪以来发展兴起的新兴学科。学术界比较统一的观点认为运筹学起源于第二次世界大战期间英美等国军事部门成立的研究小组，就战争中的一些战略和战术研究而形成的理论和方法。在词汇的使用上，欧洲习惯于operation—alresearch，美国习惯于 poerations research。基于这样的背景，我们选用古人"运筹帷幄，决胜千里"这一寓意相似的"运筹"两字。

人们试图给运筹学下一些简单的定义，如："运筹学是一种科学决策的方法"、"运筹学是依据给定目标和条件从候选方案中选择最佳或较佳的方法"等。无论如何，运筹学是一种数学技术，它通过给实际问题以优化目标、约束条件等的数学模型描述，用计算求解给决策者提供解决问题的方法和方案。

运筹学主要内容包括：线性规划、非线性规划、整数规划、多目标规划、动态规划、随机规划、组合最优化、对策

第七章　现代数学理论

121

论、网络优化和决策分析等。

作为一种数学技术，运筹学在军事上有着巨大的应用价值。在第二次世界大战英美两国海、空军的雷达布置，轰炸机编队等都有成功的应用。正因为如此，第二次世界大战后，运筹学无论从理论还是方法应用上都得到非常迅速的发展和完善。目前，军事领域仍然是运筹学应用的一个重点，诸如军队的后勤供给、作战方案等的管理。美国在海湾战争中成功的后勤管理充分说明了这种技术的效率性。无论是在企业的发展计划、营销策略，还是物料管理、生产过程、质量控制中都涉及运筹学问题。因此，管理科学中将运筹学方法视为基础技术，这无不说明运筹学的重要性。信息科学中的密码编译、计算的并行处理、通信网络的控制、电力系统的稳定高效等，无不涉及运筹学这门数学技术。因此，运筹学这门数学技术必将有较大的发展并通过成功的应用而带来更大的经济效益。

# 博大精深的数论

被称为"世界第八奇迹"的中国西安秦始皇兵马俑气势恢宏，面对这威武雄壮的众多方阵，任何人都可以想象当年"扫六合吞八荒"的秦兵的气势。真要点出秦兵的确切数量，岂是易事？我国自古有"秦王暗点兵"奇法，例如："秦兵列队，每列百人则余一人，九九人则余二人，百零一人则不足二人。问秦兵几何？"一报完情况秦王就心中有"数"了！

数学家高斯说过："数学是科学的女皇，而数论是数学的女皇"，此话不虚。这可能是因为，数论的研究对象特别基本，问题特别神奇，意境特别深远。此外，数论在历史上常是推动数学发展的原动力，随着以数字计算机和数字通信为标志的信息时代的到来，数论，更显示出空前的重要性。大量数字化信息的传播、处理、储存和应用是知识经济时代的特征，数论及其关联的数学正是这一切的灵魂、基础和智囊。事实上，早在半个多世纪前的第二次世界大战中，盟国集合了一批优秀的数论学家，破译德国密码，为"二战"胜利做出难以估量的贡献。这其中就包括计算机的鼻祖图灵，从而直接导致计算机的发明！数论不仅应用十分广泛、深层（例如从弦的振动，音乐理论，到现代物理，微观粒子等各领域），尤其是它的理论优美深刻，直通向最现代前沿的数学。数论起源很早，自古至19世纪初的阶段，常称"初等数论"。这包括上述"秦王暗点兵"、同余式、二次剩余等。这部分历史久远，影响深刻，留下了许多丰富有趣的问题，例如费尔马大定理、哥德巴赫猜想等。微积分和复变函数论发展以后，应用于数论，产生了"解析数论"，例如L函数等，可解决算术数列中存在无穷个素数等问题。数论中有些问题必须由解析方法才能提出或解决。我国数学家华罗庚、王元、陈景润等在哥德巴赫、华林等的解析数论问题上取得了世界领先成就。随着两个世纪以来，尤其是20世纪以来数学的巨大发展，特别是代数、代数几何等的巨大发展，现代的数论已经高度发展融合，远不只是研究整数了，它还研究代数数论、研究代数函数、算术代数几何、椭圆曲线、模形式、局部域、表示论、超越数等。现代数论的方法也已是代数、解析几何等的高度综合，融合着数学最现代的思想和成就。

## 源于博弈的概率论

假如甲、乙两人赌技相同，各出赌注 100 元。约定：谁先胜三局，则谁就拿走全部赌注 200 元。现已赌了三局，甲二胜一负而因故要中止赌博，问这 200 元要如何分，才算分平？这是一个典型的博弈问题，每局赌博的胜负都要凭机会，也就是我们所说的概率。这类机会游戏的解决需要用到概率论的知识。

大约在 17 世纪，欧洲的数学家们就开始探索用古典概率来解决赌博中提出的一些问题。目前，概率论已成为研究自然界、人类社会及技术过程中大量随机现象中的规律性的一门重要的数学分支。在一定的条件下，人们能准确地预言将发生什么。例如，一初速度为零的物体从某一高度做自由落体运动，则该物体下落的距离 $s = 1gt^2/2$（其中，$g$ 为重力加速度，$t$ 为时间）。但在实际情形中，人们会发现实验的结果经常会与上述结论有所出入，原因在于此结论仅适用于在真空状态下进行的实验，从而导致了随机误差的产生。因此，在高精度的实验中，就需要把不确定的因素考虑进去，此时的模型便变成了一个随机模型 $s = 1gt^2/2 + \varepsilon$，其中 $\varepsilon$ 表示该模型的随机因素，而概率论正是研究此类现象的统计规律性的。

正如上面所讲的那样，目前，概率论的理论与方法已经卓有成效地广泛应用于各个科学技术领域中。在实际应用中，有着广泛的重要意义。概率论的目的就是为了帮助人们透过表面的偶然性找出内在的必然规律，并以概率的形式来描述这些规律。

　　目前，概率论的主要研究内容大致可分为极限理论、独立增量过程、马尔可夫过程、点过程、随机微分方程、随机分析等，它还是数理统计学的基础。概率论的应用几乎涉及生活中的所有领域，如气象预报、天文观测、通信工程、计算机科学、管理科学、生物医学、运筹决策、经济分析、金融理论、人口理论、可靠性与质量控制等，都已离不开用概率论的理论和方法来建立各种数学模型。

# 神奇的代数

　　世界是连续的，还是离散的？一根铜棒，一束光线，看起来都是连续不断的。但古希腊的学者德谟克利特就认为，万物都是离散的，由极小的原子组成，甚至包括灵魂。现在我们确实已知道，"月魂日魄"的光是由一个个的"光子"组成的，就连时间和空间也是量子化的。代数（学）就是专门研究离散对象的数学，它是现代数学的三大支柱之一（另两个为分析与几何）。

　　代数从 19 世纪以来有惊人的发展，带动了整个数学的现代化。随着信息时代的到来，计算机、信息都是数字化（离散化）的，甚至电视机、摄像机、照相机都是数字化。知识经济有人也称为数字经济。这一切的背后的科学基础就是数学，尤其是专门研究离散对象的代数。现在的代数已经是外延极广的综合科学，这里的代数不是指中学的代数，那只是代数的萌芽。代数起源于"用符号代替数"，后来发展到以符号代替各种事物，乃至于概念、作用、映射。代数的基础研究是各种代数系统，即定义了运算的抽象集合。主要的代数系统有：群、环、域、模、格、各种空间等。"群"是最基本的系统，是有一个运算的集合。而"环"就是有一又半个运算的集合（所谓半个运算是指它可能无逆运算）。

代数以如下成果光照历史：解决了困扰人类 2000 多年的古希腊三大历史名题（三等分角、化圆为方、立方倍积），解决了五次方程不可解问题，画正十七边形，破译密码等问题。此外，代数还研究更抽象的"范畴"函数等。与代数相关的数学有：线性代数、抽象代数、代数数论、代数几何、代数拓扑、同调代数、拓扑代数、表示论、泛函分析、代数函数论等。在我们人类的生活中，神奇的代数发挥着重要的作用。

## 图形漂亮的分形

分形数学是用来研究不规则集的数学，这里的不规则是相对于经典的几何图形的微积分而言的，其研究的对象——不规则集就是分形。

下面我们画一个图形，其步骤很简单。给定一条直线段，将中间的 1/3 部分用其上的等边三角形的另外两条边来替代，而得到一条由四条线段组成的折线，对此折线上的每条线段作上述同样的替换，如此无穷下去，就生成一个称为冯·科赫曲线的图形。

冯·科赫曲线处处不具有切线，因为曲线的尖点处没有切线；取出曲线的任一部分将其按倍数放大，将得到整个曲线，即具有自相似性；按作图过程来计算曲线的长度，会发现曲线具有无穷长度，这不符合常规。

分形这个新词是由曼德尔布罗特引入的，意思是细片、破碎及分数等。到目前为止，分形还没有一个确切的数学定义，曼德尔布罗特曾给出过几个定义，但都不够精确、全面。现在人们更接受英国数学家法尔科内的观点，像生物学家用生命的特征，如新陈代谢、繁殖能力等来定义生命那样，用分形的特性定义分形如下：它具有精细结构，整体和局部不规则；而又不能用传统的几何语言来描述，具有某种可能是近似的或统计的自相似形式。

分形的维数是分形数学的主要研究内容之一，它能在某种程度上定量刻画分形的复杂性、充满空间程度以及包含了分形的几何性质的许多信息。在某种方式下定义的"分形维数"通常大于其拓扑维数，可以用非常简单的方法来确定，迭代或递归就可能产生。

分形理论已经应用于自然科学的许多领域，如自然图形的模拟、力学中的断裂与破坏、计算机编码压缩等。分形这个过去被认为"病态"甚至认为在研究上可以忽略的不光滑、不规则的图形，事实上在自然界中随处可见，如海岸线、地表面形状、人体毛细血管的分布等。但自然界中的分形与数学中的分形是有区别的，就像在自然界中没有真正的直线那样。

然而，分形的计算机图形很漂亮，即使不懂数学知识也不影响对它的欣赏。

## 解释飞跃的突变理论

在自然现象和社会现象中，有许多突变和飞跃的过程，飞跃造成的不连续性把系统的行为空间变成不可微的。例如，水突然沸腾、冰突然融化、火山爆发、某地突然地震、病人突然死亡等。这种由渐变、量变发展为突变、质变的过程，用微积分就不能描述。为了描述各种飞跃和不连续过程，数学上建立了一种关于突变现象的一般性数学理论。1972年法国数学家雷内·托姆在《结构的稳定性和形态发生学》一书中，明确地阐明了突变理论，宣告了突变理论的诞生。

突变理论以拓扑学为工具，结构稳定性理论为基础，提出了一条新的判别突变、飞跃的原则。这就是说：在严格控制条件下，如果质变中经历的中间过渡态是不稳定的，那么它就是一个突变、飞跃过程；如果中间过渡态是稳定的，那么它就是一个渐变过程。例如拆一堵墙，如果从上面开始一块块地把砖头拆下来，整个过程就是结构稳定的渐变过程；如果从底脚开始拆墙，拆到一定程度，就会破坏墙的结构稳定性，墙就会"哗啦"一声倒塌下来，这种结构不稳定性就是突变、飞跃过程。突变理论用势函数的洼的存在表示稳定，势函数的洼的取消表示不稳定。

托姆的突变理论，用数学工具描述系统状态的飞跃，给出系统处于稳定态时的参数区域，以及系统处于不稳定态时的参数区域。参数变化时，系统状态也随着变化，当参数通过某些特定位置时，状态就会出现突变。

突变理论把社会现象归结为某种量的突变问题，说明了人们施加控制因素影响社会状态是有一定条件的，只有在控制因素达到临界点之前，状态才是可以控制的。一旦根本性的质变发生，它就表现为控制因素所无法控制的突变过程。用突变理论可以研究事物状态与控制因素之间的相互关系，以及稳定区域、非稳定区域、临界曲线的分布特点，研究突变的方向与幅度，设法对社会事物进行高层次的有效控制。

# 天才的不可判定性定理

1931 年，哥德尔出版了他的书《数学原理及有关系统中的形式不可判定命题》，其中包含了他的所谓的"不可判定性定理"。

哥德尔证明了要想创立一个完全的、相容的数学体系是一件不可能做到的事情。他的思想可以浓缩为两个命题：

第一不可判定性定理：如果公理集合论是相容的，那么存在既不能证明又不能否定的定理。

第二不可判定性定理：不存在能证明公理系统是相容的构造性过程。

本质上，哥德尔的第一个定理说，不管使用哪一套公理，总有数学家不能回答的问题存在——完全性是不可能达到的。更糟的是，第二个定理说，数学家永远不可能确定他们选择的公理不会导致矛盾出现——相容性永远不可能证明。

虽然哥德尔的第二个定理说，不可能证明公理系统是相容的，但这并不一定意味着它们是不相容的。在许多数学家的心目中，他们仍然相信他们的数学依旧是相容的，只是用他们的思想无法证明这一点而已。许多数学家相信哥德尔的不可判定命题只有在数学的最不引人注目和最极端之处才可能发现，因而可能永远也不会碰到。可是到了 1963 年，哥德尔的理论上的噩梦竟然变成了有血有肉的事实。

斯坦福大学的一位 29 岁的数学家保罗·科恩发展了一种可以检验给定的命题是不是不可判定的方法。这个方法只适用于少数非常特殊的情形。完成他的发现之后，科恩立即飞到普林斯顿，带着他的证明，希望由哥德尔本人来证实他的证明。

科恩证明了大卫·希尔伯特提出的数学中最重要的 23 个问题之一——连续统假设是不可判定的，这有点令人啼笑皆非。

哥德尔的工作，再加上科恩给出的不可判定的命题，给所有正在坚持尝试证明建立确定性数学大厦的工作带来毁灭性的打击。

# 费尔马大定理的证明

费尔马大定理，起源于 2000 多年前，挑战人类 3 个多世纪，多次震惊全世界，耗尽人类众多杰出大脑的精力，也让千千万万业余者痴迷。终于在 1994 年被安德鲁·怀尔斯攻克。

古希腊的丢番图写过一本著名的《算术》，经历中世纪的愚昧黑暗到文艺复兴的时候，《算术》的残本重新被发现研究。1637 年，法国业余大数学家费尔马在《算术》的关于勾股数问题的页边上，写下猜想：$a^n + b^n = c^n$ 是不可能的。此猜想后来就称为费尔马大定理。费尔马还写道"我对此有绝妙的证明，但此页边太窄写不下"。一般公认，他当时不可能有正确的证明。猜想提出后，经欧拉等数代数学家的努力，200 年间只解决了 $n = 3$、$4$、$5$、$7$ 四种情形。历史的新转机发生在 1986 年夏，贝克莱·瑞波特证明了：费尔马大定理包含在"谷山丰—志村五郎猜想"之中。童年就痴迷于此的怀尔斯，闻此立刻潜心于顶楼书房 7 年，曲折卓绝，汇集了 20 世纪数论所有的突破性成果。最后终于在 1993 年 6 月 23 日英国剑桥大学牛顿研究所的"世纪演讲"，宣布证明了费尔马大定理。立刻震惊世界。不幸的是，数月后逐渐发现此证明有漏洞，一时更成世界焦点。这个证明体系是千万个深奥数学推理联结着成千个最现代的定理、事实和计算所组成的千回百转的逻辑网络，任何一环节的问题都会导致前功尽弃。怀尔斯绝境搏斗，毫无出路。1994 年 9 月 19 日，星期一的早晨，怀尔斯在思维的闪电中突然找到了迷失的钥匙：答案原来就在废墟中！他热泪夺眶而出。10 月 6 日他把证明完稿送给爱妻娜妲作为生日礼物。怀尔斯的历史性长文"模椭圆曲线和费尔马大定理" 1995 年 5 月发表在美国《数学年刊》第 142 卷，实际占满了全卷，共 5 章，130 页。他先后获得沃尔夫奖，美国国家科学院奖，费尔兹特别奖。他的证明用的是代数数论与算术代数几何理论，主要用到椭圆曲线等。

"这个证明堪与发现原子分裂或 DNA 链相媲美，是人类智慧的凯歌"——怀尔斯的老师寇茨如此评论。

## 概率化的蒙特卡罗方法

蒙特卡罗方法，或称计算机随机模拟方法，是一种基于"随机数"的计算方法。这一方法源于美国在第二次世界大战时研制原子弹的"曼哈顿计划"。该计划的主持人之一、数学家冯·诺伊曼用驰名世界的赌城——摩纳哥的蒙特卡罗——来命名这种方法，为它蒙上了一层神秘色彩。

蒙特卡罗方法的基本思想很早以前就被人们所发现和利用。早在 17 世纪，人们就知道用事件发生的"频率"来决定事件的"概率"。19 世纪人们用投针试验的方法来决定圆周率 π。20 世纪 40 年代电子计算机的出现，特别是近年来高速电子计算机的出现，使得用数学方法在计算机上大量、快速地模拟这样的试验成为可能。

考虑平面上的一个边长为 1 的正方形及其内部的一个形状不规则的"图形"，如何求出这个"图形"的面积呢？蒙特卡罗方法是这样一种"随机化"的方法：向该正方形"随机地"投掷 $N$ 个点，假设有 $M$ 个点落于"图形"内，则该"图形"的面积近似为 $M/N$。

科技计算中的问题比这要复杂得多。比如金融衍生产品（期权、期货、掉期等）的定价及交易风险估算，问题的维数（即变量的个数）可能高达数百甚至数千。对于这类问题，难度随维数的增加呈指数增长，这就是所谓的"维数的灾难"，用传统的数值方法难以对付（即使使用速度最快的计算机）。蒙特卡罗方法能很好地用来对付维数的灾难，因为该方法的计算复杂性不再依赖于维数。以前那些本来是无法计算的问题现在也能够计算了。

蒙特卡罗方法由于其简单性、灵活性和普遍性而获得广泛应用。该方法的缺点是：若想增加一位精度，需要增加 100 倍的计算量。为提高计算方法的效率，科学家们提出了许多所谓的"方差缩减"技巧。

另一类形式与蒙特卡罗方法相似，但理论基础不同的方法——"拟蒙特卡罗方法"——近年来也获得迅速发展。这种方法的基本思想是：用确定性的超均匀分布序列代替蒙特卡罗方法中的随机数序列。对某些问题该方法的实际速度一般可比蒙特卡罗方法提高数百倍，并可大大提高计算精确度。

# 开辟新时代的数学与计算机结合

电子计算机与数学的结合，极大地提高了人们的计算能力，引起了数学研究的深刻变革。

1. 运用计算机解决了一些困难的问题。例如，四色问题（一幅地图着色要四种颜色）自 1852 年提出后 100 多年没有解决，1976 年美国依利诺大学的两位数学家利用电子计算机花费 1200 个小时终于解决了该问题。这项工作最重要的意义不仅在于证明了四色定理，而在于运用电子计算机完成了这种前人没完成的事情，它提供了用计算机研究数学的范例。

2. 在数学研究中，通过计算机可帮助猜测、发现新的事实和定理。应用数学上一项重要突破——非线性微分方程孤立子解，就是首先在电子计算机的荧光屏上发现的。计算机可以把烦琐的数学命题用机器证明，现代机器证明的研究已取得了令人鼓舞的进展，我国吴文俊教授在机器证明研究中已取得很大成果。

3. 计算机还引起数学中离散化倾向的增长，推动了研究离散结构的数理逻辑、图论、组合理论、代数系统以及进行离散数值处理的数值分析等学科的发展，极大地扩展了数学应用的范围。

4. 新型计算机的设计、制造及其使用也向数学本身提出各种崭新的课题，促进了许多数学分支的发展。

科学家们普遍认为计算机将引起数学和整个科学技术的革命，计算机正在开辟一个数学研究的新时代。


## 快速扩展的核心数学


　　从 20 世纪到 21 世纪，数学科学的巨大特征之一是，数学结构等抽象研究的兴起和对数学基础的深入考察，将数学科学的核心部分引向高度抽象化的道路，带来核心数学的大扩展。其表现是，抽象代数、代数拓扑学、泛函分析、测度与积分理论、数理逻辑等新领域的开拓，经典数学如数论、代数几何、群论、复分析、调和分析等分支的深化发展。核心数学所创造的许多高度抽象的语言、结构及理论，既成为数学内部各分支相互联系和统一的纽带，又是其他科学技术领域中普遍适用的工具。

　　核心数学正向高维、多变量和非线性发展。

　　就对象而言，现代数学不仅研究现实世界的数量关系与空间形式，而且更多的是研究各种广义的"量"的关系和各种抽象的"空间形式"。

　　高维空间就是高于三维的空间，高维空间比起我们日常生活的三维空间来，性质更复杂。20 世纪的几何学大量研究高维空间，如现代微分几何、微分拓扑等主要研究 n 维微分流形。

　　现代数学由单变量向多变量发展，高维空间的复杂结构必然带来多变量问题。例如研究多个复变量函数的多复变函数论，已成为当代数学中精深的前沿学科之一。

当前数学更多关注非线性问题。我们称一次代数方程为线性方程，称高次方程为非线性方程，因为前者的几何图像是一条直线，而后者一般是曲线。非线性微分方程、非线性泛函分析、非线性规划、非线性控制理论……构成了非线性数学的热门课题。

从研究方法来看，公理化与结构化观点的流行，是当代纯粹数学高度抽象化趋势的又一突出表现。公理化方法是由德国数学家希尔伯特倡导的，它将数学理论看成是一种公理系统，由一组不证自明的公理出发来演绎推导全部结论。如抽象代数、拓扑学、泛函分析等都采用公理方法为理论基础；法国的布尔巴基学派提出"结构"概念，认为数学中存在着代数结构、序结构与拓扑结构三种基本结构，由这三种基本结构可以派生出不同"子结构"，构成不同数学分支的研究对象。

# 开启高科技大门的现代数学

现代高能物理应用了 S 矩阵理论、场论和群论这三个数学理论。S 矩阵理论主要应用复变函数的标准理论，目标是应用其他的实验结果来计算或预见一个实验结果；场论选择的是希尔伯特空间中运算子的代数；群论是相当高深的理论，主要应用两个概念，一个是"群"的对称性，另一个是"表示"。现代物理学用计算机发现了许多现象，如 1963 年发现奇异吸引子，1964 年发现守恒系统的混沌现象，1978 年发现分岔现象和湍流模型的普适性。

在核技术研究中，通过核反应过程的数学模型——一组非定常的非线性偏微分方程，在计算机上进行数值计算，可以给出核爆炸过程中各个细节的图像、定量的数据以及各种因素与机制的相互作用，从中可以了解核反应的规律。对于核技术产品的设计，每设计一个型号，从摸清规律、调整各种参数到方案的优选等，需要计算成百上千个模型，而在电子计算机上选择一套参数计算一个模型，就相当于进行一次核试验。所以，通过在电子计算机上花费几百万元进行计算来减少核试验次数，可以节约数以亿计的核试验经费。

1984 年美国数学专门委员会提出了进一步繁荣美国数学的报告，指出高科技的出现已经把社会推进到数学工程技术的新时代。数学专门委员会主席、应用数学家 E. David 指出，高技术本质上是一种数学技术。的确，高技术与现代数学有密切联系，高技术研究离不开电子计算机与数学实验，也离不开现代数学，现代数学是打开高科技大门的钥匙。

## 造福社会的现代数学

现代的公共福利与服务事业中也广泛地应用了数学，数学对人类的日常生活起着潜移默化的影响。

排队论解决了最优服务问题。1909 年丹麦工程师爱尔朗创建的排队论，是根据顾客到达和服务时间的概率规律，制定出来的既能满足顾客需求又能最大限度地发挥服务机构经济效益的策略。它是具有特殊实用价值的现代应用数学分支。1940 年后，排队论已经广泛应用于军事、运输、维修、生产、服务、库存、医疗卫生、教育等排队系统问题。20 世纪 60 年代后计算机和系统科学的发展，又给排队论的应用开拓了新的生命力，计算机手段使过去的排队难题迎刃而解。系统科学发展涉及各子系统的时间等待问题、要求服务问题、忙闲问题，从而构成有输入过程、服务机构、排队纪律等基本特征的排队问题，这就要借助排队论来解决。

数学还用来解决城市交通问题。现代城市交通计划、运输动力学、道路形式选择等，普遍应用线性规划、组合图论等数学方法和计算机。运输问题的数学模型，是一类特殊的线性规划模型，可用单纯形法来求解。但是，一个简单的运输问题，如在五个产地、六个销地的情况下，变量竟达 30 个，因此，用单纯形法求解运输问题是不合算的，这就要根据运输模型约束方程式中所有变量系统均为 1 的特点，采用"表上作业法"的计算方法求解。

数学也用于保险业。现在开展的保险业，有海上、空中、产品、养老、人身等方面，保险制度是要减少因风险而造成的损失，采取共同承担风险的做法，使投保人、保险公司都能得到好处。保险费多少是主要的计算课题，保险费受事故的概率、保险者期望利率、承力保险的费用这三方面的因素影响。在不同情况下，应用不同公式来计算。20 世纪以后，对风险理论的研究有了进展，瑞典统计学家克拉姆等研究风险数学中的某些问题，把风险同随机过程理论联系起来得到有效的结果，把保险数学推进到一个新阶段。

## 与数学有关的边缘学科

随着数学本身的发展，数学与科学技术相结合，产生了许多边缘学科。

（一）生物数学

人们在研究复杂的生命现象时，也需要进行大量运算，电子计算机出现后，许多生物数学问题的求解成为可能，因而产生了生物数学。现在，生物数学发展得很快，出现了许多分支，例如，用统计学方法研究生物界的随机现象，为生物学提供分析处理观察资料的方法的生物统计学；用概率论的方法研究各种不同情况下生物群体内基因型变化的群体遗传学；用数学方法研究自然界中的生态系统，建立生态模型，进行生态分析与生态模拟等。

（二）数学地质学

20 世纪 60 年代以来，随着地质学的发展和电子计算机的应用，逐渐出现了用数学理论和方法研究各种地质现象的数量关系和空间形式的数学地质学。它用数学模型模拟地质现象，运用电子计算机进行复杂运算，来研究各种复杂的地质过程。数学地质学已广泛地应用于沉积学、地层学、构造地质学、矿床学、水文地质学、工程地质学等方面。数学地质学的发展引起地质学从定性向定量变革。

（三）数理逻辑

数学与逻辑学相互渗透，产生了数理逻辑这一新学科。

它是以数学理论的形式结构、数学计算、数学推理为对象，研究它们的方法和规律，并用数学方法研究思维过程中所遵循的逻辑规律，系统地研究数学中的逻辑方法。

数理逻辑采用数学方法，系统地使用符号、公式来陈述处理问题，对理论中的概念做出严格的定义，对定理做出严格的证明等。用数理逻辑研究某些数学理论中的命题并给予证明，为数学提供了新的研究方法，对数学发展有很大影响。

（四）计算数学

围绕电子计算机的发展与应用，又产生了计算数学。计算数学是运用现代化计算技术解决具体问题的数学方法。计算数学的内容包括：①数值计算方法。这是把具体问题数学化，建立一个反映问题本质的数学模型，列出方程和列出解题的步骤，制定数值计算方法，让计算机自动解题。②程序设计和程序自动化。拟定解题的计算方法，并把它编成计算机工作步骤的程序单，计算机按规定的程序来解题。为了提高解题准备的工作效率，主要采用程序标准化和程序自动化。

# 第八章

## 数学史观与伟大的数学家

　　历史上伟大的数学家真是太多了，远非其他学科能比。欧几里得、笛卡尔、费马、莱布尼茨、欧拉、拉格朗日、拉普拉斯、高斯、阿贝尔、柯西、黎曼、康托尔、希尔伯特、彭加勒……都为数学的发展做出了巨大贡献，都是数学上的"巨人"。他们的共同特点是：全才、大气、博大精深、具有开创性。

## 你也可以发现数学定理

相信很多人都会有这种印象：数学是一门深奥的科学，除了在学校和课本可以学到外，在实际生活中很少看到它，而且在日常生活中，除了加减乘除外，就很少用到它。

对于喜欢数学的人，他们在读到一些数学家的传记，或者关于他们的发现时，往往会产生这样的想法：这些人真的很聪明，如果不是天才怎么会发现这些难得的定理或理论呢？

这些看法和印象并不完全正确。今天我想告诉你的就是如果有天才的话，你也是一个天才。只要你有了一些基础知识，并懂得一些研究的方法，也可以作一点研究，也会有新发现，数学并不是只有数学家才能研究的。

人类靠着劳动的双手创造了财富，数学也和其他科学一样产生于实践。可以说有生活的地方就有数学。

你看木匠要做一个椭圆的桌面，拿了两根钉钉在木板上，然后用一条打结的绳子和粉笔，就可以在木板上画出一个漂亮的椭圆出来。

如果你时常邮寄信件，在贴邮票时你会发现一个这样的现象：任何大于 7 元的整数款项的邮费，往往可以用票面值 3 元和 5 元的邮票凑合起来。这里就有数学。

如果你是整天要拿着刀和镬铲在厨房里工作的厨子，看起来数学好像是和你无缘。可是你有没有想到其实你的工作也会出现数学问题。奇怪吗？事实上是不奇怪的。

比方说，你现在准备煮"麻婆豆腐"，你把一大堆豆腐放在砧板上，如果你不想用手去动豆腐，而想一刀刀切下去把豆腐切出越多块越好。那么在最初一刀，你最多切出二块，第二刀你切出四块，第三刀你最多可以切出多少块呢？你切了第五刀最多能切出多少块呢？这里不是有数学问题吗？你会惊奇有一个公式可以算出第 $n$ 刀得出的块数。

我们每天或多或少都会和钱打交道。你可能也会注意到这样的现象：任何一笔多于 6 元的整数款项可以用 2 元纸币及 5 元纸币来支付。

不是吗？7 元可以用一张 2 元和一张 5 元的纸币来支付，8 元可以用四张 2 元纸币，9 元可以用二张 2 元纸币和一张 5 元纸币去支付。一般情形怎么样呢？

你说这不是很容易吗？如果钱数是偶数的话，我只要用若干张 2 元去支付就行了，如果是奇数的话，我只要先付一张 5 元钞票，剩下的是偶数款项，当然就可以用 2 元纸币去处理。是的，这里你就用到了整数的性质。

从这些例子你可以看到数学在日常生活中是有用的，如果你细心的话，以后你会发现就在你工作的地方也会有一些数学问题产生。

## 我国古代的数学名著

中国古代数学，和天文学以及其他许多科学技术一样，也取得了极其辉煌的成就。可以毫不夸张地说，直到明代中叶以前，在数学的许多分支领域里，中国一直处于遥遥领先的地位。中国古代的许多数学家曾经写下了不少的数学著作。许多具有世界意义的成就正是因为有了这些古算书而得以流传下来。这些中国古代数学名著是了解古代数学成就的丰富宝库。

例如现在所知道的最早的数学著作《周髀算经》和《九章算术》，它们都是公元纪元前后的作品，到现在已有2000年左右的历史了。能够使2000年前的数学书籍流传到现在，这本身就是一项了不起的成就。

开始，人们是用抄写的方法进行学习并且把数学知识传给下一代的。直到北宋，随着印刷术的发展，开始出现印刷本的数学书籍，这恐怕是世界上印刷本数学著作的最早出现。现在收藏于北京图书馆、上海图书馆、北京大学图书馆的传世南宋本《周髀算经》、《九章算术》等五种数学书籍，更是值得珍重的宝贵文物。

从汉唐时期到宋元时期，历代都有著名算书出现：或是用中国传统的方法给已有的算书作注解，在注解过程中提出自己新的算法；或是另写新书，创新说，立新意。在这些流传下来的古算书中凝聚着历代数学家的劳动成果，它们是历代数学家共同留下的宝贵遗产。

《算经十书》是指汉、唐1000多年间的十部著名数学著作，它们曾经是隋唐时候国子监算学科（国家所设学校的数学科）的教科书。十部算书的名字是：《周髀算经》、《九章算术》、《海岛算经》、《五曹算经》、《孙子算经》、《夏侯阳算经》、《张丘建算经》、《五经算术》、《缉古算经》、《缀术》。

这十部算书，以《周髀算经》为最早，不知道它的作者是谁，据考证，它成书的年代当不晚于西汉后期（公元前 1 世纪）。《周髀算经》不仅是数学著作，更确切地说，它是讲述当时的一派天文学学说——"盖天说"的天文著作。就其中的数学内容来说，书中记载了用勾股定理来进行的天文计算，还有比较复杂的分数计算。当然不能说这两项算法都是到公元前 1 世纪才为人们所掌握，它仅仅说明在现在已经知道的资料中，《周髀算经》是比较早的记载。

对古代数学的各个方面全面完整地进行叙述的是《九章算术》，它是十部算书中最重要的一部。它对以后中国古代数学发展所产生的影响，正像古希腊欧几里得（约前 330—前 275 年）《几何原本》对西方数学所产生的影响一样，是非常深刻的。在中国，它在一千几百年间被直接用作数学教育的教科书。它还影响到国外，朝鲜和日本也都曾拿它当作教科书。

《九章算术》，也不知道确切的作者是谁，只知道西汉早期的著名数学家张苍（前 201—前 152 年）、耿寿昌等人都曾经对它进行过增订删补。《汉书·艺文志》中没有《九章算术》的书名，但是有许商、杜忠二人所著的《算术》，因此有人推断其中或者也含有许、杜二人的工作。《九章算术》全书共分九章，一共搜集了 246 个数学问题，连同每个问题的解法，分为九大类，每类算是一章。

从数学成就上看，首先应该提到的是：书中记载了当时世界上最先进的分数四则运算和比例算法。书中还记载有解决各种面积和体积问题的算法以及利用勾股定理进行测量的各种问题。《九章算术》中最重要的成就是在代数方面，书中记载了开平方和开立方的方法，并且在这基础上有了求解一般一元二次方程（首项系数不是负）的数值解法。还有整整一章是讲述联立一次方程解法的，这种解法实质上和现在中学里所讲的方法是一致的。这要比欧洲同类算法早出 1500 多年。在同一章中，还在世界数学史上第一次记载了负数概念和正负数的加减法运算法则。

《算经十书》中的第三部是《海岛算经》，它是三国时期刘徽（约 225—约 295 年）所作。这部书中讲述的都是利用标杆进行两次、三次、最复杂的是四次测量来解决各种测量数学的问题。这些测量数学，正是中国古代非常先进的地图学的数学基础。此外，刘徽对《九章算术》所做的注释工作也是很有名的。一般地说，可以把这些注释看成是《九章算术》中若干算法的数学证明。刘徽注中的"割圆术"开创了中国古代圆周率计算方面的重要方法，他还首次把极限概念应用于解决数学问题。

《算经十书》的其余几部书也记载有一些具有世界意义的成就。例如《孙子算经》中的"物不知数"问题（一次同余式解法），《张丘建算经》中的"百鸡问题"（不定方程问题）等都比较著名。而《缉古算经》中的三次方程解法，特别是其中所讲述的用几何方法列三次方程的方法，也是很具特色的。

《缀术》是南北朝时期著名数学家祖冲之的著作。很可惜，这部书在唐宋之际公元 10 世纪前后失传了。宋人刊刻《算经十书》的时候就用当时找到的另一部算书《数术记遗》来充数。祖冲之的著名工作——关于圆周率的计算（精确到第六位小数），记载在《隋书·律历志》中。

《算经十书》中用过的数学名词，如分子、分母、开平方、开立方、正数、负数、方程等，都一直沿用到今天，有的已有近 2000 年的历史了。

中国古代数学，经过从汉到唐 1000 多年的发展，已经形成了更加完备的体系。在这基础上，到了宋元时期（公元 10 世纪—14 世纪）又有了新的发展。宋元数学，从它的发展速度之快、数学著作出现之多和取得成就之高来看，都可以说是中国古代数学史上最辉煌的一页。

特别是公元 13 世纪下半叶，在短短几十年的时间里，出现了秦九韶（1202—1261 年）、李冶（1192—1279 年）、杨辉、朱世杰四位著名的数学家。所谓宋元算书指的就是一直流传到现在的这四大家的数学著作，包括：

秦九韶著的《数书九章》（1247 年）；

李冶的《测圆海镜》（1248 年）和《益古演段》（1259 年）；

杨辉的《详解九章算法》（1261 年）、《日用算法》（1262 年）、《杨辉算法》（1274—1275 年）；

朱世杰的《算学启蒙》（1299 年）和《四元玉鉴》（1303 年）。

《数书九章》主要讲述了两项重要成就：高次方程数值解法和一次同余式解法。书中有的问题要求解十次方程，有的问题答案竟有 180 条之多。

《测圆海镜》和《益古演段》讲述了宋元数学的另一项成就：天元术（用代数方法列方程），还讲述了直角三角形和内接圆所造成的各线段间的关系，这是中国古代数学中别具一格的几何学。

杨辉的著作讲述了宋元数学的另一个重要侧面：实用数

学和各种简捷算法。这是应当时社会经济发展而兴起的一个新的方向，并且为珠算的产生创造了条件。

朱世杰的《算学启蒙》不愧是当时的一部启蒙教科书，由浅入深，循序渐进，直到当时数学比较高深的内容。《四元玉鉴》记载了宋元数学的另两项成就：四元术（求解高次方程组问题）和高阶等差级数、高次招差法。

宋元算书中的这些成就，和西方同类成果相比：高次方程数值解法比霍纳（1786—1837年）方法早出500多年，四元术要比贝佐（1730—1783年）早出400多年，高次招差法比牛顿（1642—1727年）等人早出近400年。

宋元算书中所记载的辉煌成就再次证明：直到明代中叶之前，中国科学技术的许多方面，是处在遥遥领先地位的。

宋元以后，明清时期也有很多算书。例如明代就有著名的算书《算法统宗》。这是一部讲珠算的书。入清之后，虽然也有不少算书，但是像《算经十书》、宋元算书所包含的那样重大的成就便不多见了。特别是在明末清初以后的许多算书中，有不少是介绍西方数学的。这反映了在西方资本主义发展进入近代科学时期以后我国科学技术逐渐落后的情况，同时也反映了中国数学逐渐融合到世界数学发展总的潮流中去的一个过程。

中国数学发展的历史表明：中国数学曾经为世界数学的发展做出过卓越的贡献，只是在近代才逐渐落后了。我们深信，经过努力，中国数学一定能迎头赶上世界先进水平。

# 世界最迷人的数学难题

随着我国数学科研事业在近几年一直持续迅猛发展，数学爱好者规模也日益壮大。这都说明数学正在越来越受到人们的关注，这是一个非常可喜的现象。

世界最迷人的数学难题评选调查采用的是国际通用的联机调查方式。在问卷中"世界最迷人的数学难题"一栏，网民可填写一到五个世界最迷人的数学难题，重复填写同一数学难题只作一个计算，而且根据排名得票分一、二、三等。

问卷的统计，采用经专家论证的统计程序计算。统计程序的执行，通过相应的技术保证使任何人都不可能修改统计结果。

对于非正常问卷对结果的影响，由于我们在事先已经考虑到问题的艰巨性，因此我们采取了现场面试和统计中的排除技术方法，极好的保证了问卷的合法性。

现场面试的方法是用户在拿到我们的问卷时，必须同时做出我们提供的数学题目一道，同时把用户和他做出的题目用数码相机合影留念。这样，我们很好地防止了那些不具备数学头脑的人的投票。

本次调查共回收问卷 363 538 份，经过处理后得到有效答卷 202 432 份（由最后数码相机的照片数得到）。

1. 此次评选的三等奖获得者三名，它们分别是以下三个。

（1）"几何尺规作图问题"得票数：38 005。

获奖理由：这里所说的"几何尺规作图问题"是指作图限制只能用直尺、圆规，而这里的直尺是指没有刻度只能画直线的尺。"几何尺规作图问题"包括以下四个问题：

①化圆为方－求作一正方形使其面积等于一已知圆；

②三等分任意角；

③倍立方－求作一立方体使其体积是一已知立方体的二倍；

④做正十七边形。

以上四个问题一直困扰数学家2000多年都不得其解，而实际上这前三大问题都已证明是不可能用直尺、圆规经有限步骤可解决的。第四个问题是高斯用代数的方法解决的，他也视此为生平得意之作，还交代要把正十七边形刻在他的墓碑上，但后来他的墓碑上并没有刻上正十七边形，而是十七角星，因为负责刻碑的雕刻家认为，正十七边形和圆太像了，大家一定分辨不出来。

（2）"蜂窝猜想"得票数：45 005。

获奖理由：4世纪古希腊数学家佩波斯提出，蜂窝的优美形状，是自然界最有效劳动的代表。他猜想，人们所见到的、截面呈六边形的蜂窝，是蜜蜂采用最少量的蜂蜡建造成的。他的这一猜想称为蜂窝猜想，但这一猜想一直没有人能证明。1943年，匈牙利数学家陶斯巧妙地证明，在所有首尾相连的正多边形中，正六多边形的周长是最小的。但如果多边形的边是曲线时，会发生什么情况呢？陶斯认为，正六边形与其他任何形状的图形相比，它的周长最小，但他不能证明这一点。而黑尔在考虑了周边是曲线时，无论是曲线向外凸，还是向内凹，都证明了由许多正六边形组成的图形周长最小，他已将19页的证明过程放在因特网上，许多专家都已看到了这一证明，认为黑尔的证明是正确的。

（3）"孪生素数猜想"得票数：57 751。

获奖理由：1849年，波林那克提出孪生素生猜想，即猜测存在无穷多对孪生素数。孪生素数即相差2的一对素数。例如3和5，5和7，11和13…，10 016 957和10 016 959等都是孪生素数。1966年，中国数学家陈景润在这方面得到最好的结果：存在无穷多个素数 $p$，使 $p+2$ 是不超过两个素数之积。孪生素数猜想至今仍未解决，但一般人都认为是正确的。

2. 此次评选的二等奖获得者二名，它们分别是以下两个。

（1）"费马最后定理"得票数：60 352。

获奖理由：在360多年前的某一天，费马突然心血来潮在书页的空白处，写下一个看起来很简单的定理。这个定理的内容是有关一个方程式 $x^n+y^n=z^n$ 的正整数解的问题，当 $n=2$ 时就是我们所熟知的毕氏定理（中国古代又称勾股弦定理）。费马声称当 $n>2$ 时，就找不到满足 $x^n+y^n=z^n$ 的整数解，例如：方程式 $x^3+y^3=z^3$ 就无法找到整数解。

费马也因此留下了千古的难题，300多年来无数的数学家尝试要去解决这个难题却都徒劳无功。这个号称世纪难题的费马最后定理也就成了数学界的心头大患，极欲解之而后快。

不过这个300多年的数学悬案终于解决了，这个数学难题是由英国的数学家威利斯（Andrew Wiles）所解决的。其实威利斯是利用 20 世纪过去 30 年来抽象数学发展的结果加以证明。

（2）"四色猜想"得票数：63 987。

得奖理由：1852 年，毕业于伦敦大学的弗南西斯．格思里来到一家科研单位搞地图着色工作时，发现了一种有趣的现象："看来，每幅地图都可以用四种颜色着色，使得有共同边界的国家着上不同的颜色。"

1872 年，英国当时最著名的数学家凯利正式向伦敦数学学会提出了这个问题，于是四色猜想成了世界数学界关注的问题。世界上许多一流的数学家都纷纷参加了四色猜想的大会战。

1976 年，美国数学家阿佩尔与哈肯在美国伊利诺斯大学的两台不同的电子计算机上，用了 1200 个小时，作了 100 亿次判断，终于完成了四色定理的证明。四色猜想的计算机证明，轰动了世界。

3. 此次评选的一等奖获得者一名。

"哥德巴赫猜想"得票数：79 532。

获奖理由：1742 年 6 月 7 日哥德巴赫写信给当时的大数学家欧拉，提出了以下的猜想：

（a）任何一个 $\geqslant 6$ 之偶数，都可以表示成两个奇质数之和。

（b）任何一个 $\geqslant 9$ 之奇数，都可以表示成三个奇质数之和。

从此，这道著名的数学难题引起了世界成千上万数学家的注意。200 年过去了，没有人证明它。哥德巴赫猜想由此成为数学皇冠上一颗可望而不可即的"明珠"。

目前最佳的结果是中国数学家陈景润于 1966 年证明的，称为陈氏定理——"任何充分大的偶数都是一个质数与一个自然数之和，而后者仅仅是两个质数的乘积。"通常都简称这个结果为大偶数可表示为"1＋2"的形式。我们说"哥德巴赫猜想"无愧于"世界最迷人的数学难题"第一的称号。

## 世界数学中心的转移

在世界范围内各国的科学发展是不平衡的，这种不平衡性的宏观表现是存在着世界科学活动的中心，而且这个活动的中心并不是总停留在某一个国家，而是随着历史的发展，从一个国家转移到另一个国家。纵观近代科学发展的历史，在社会生产、社会变革、思想解放等诸多因素的影响和作用下，世界科学活动中心曾相继停留在几个不同的国家。其转移的格局大体是：意大利→英国→法国→德国→美国。从中心区停留的时间跨度看：

意大利 1540—1610 年；

英国 1660—1730 年；

法国 1770—1830 年；

德国 1810—1920 年；

美国 1920—至今。

历史表明，科学活动中心的转移，实际上就是科学人才中心的转移。处于世界科学活动中心的国家，同时也处于世界科学人才的中心，处于科学人才发展的盛事时期。就数学来说，一个国家和民族一旦成为世界科学活动的中心区，这个国家和民族就会在数学方面人才辈出。

事实上，欧洲的文艺复兴运动带来了意大利科学的春天，意大利成为近代科学活动的第一个中心。继多才多艺的天才达·芬奇（1452—1519 年）之后，近代科学的先驱者伽利略（1564—1642 年）在这个科学活动中心区应运而生，意大利产生了一大批杰出的数学家。著名的有：塔尔塔利亚（1500—1557 年）、卡当（1509—1576 年）、科曼狄诺（1509—1575 年）、费拉里（1522—1565 年）、邦别利（1526—1572 年）、卡瓦列里（1578—1647 年），等等。

17 世纪英国的资产阶级革命迎来了第二个科学活动中心。在这个中心区，英国造就了以近代科学奠基人牛顿（1642—1727 年）为代表的一大批杰出的数学家。就微积分这一数学领域而言，在这个时期做出重大贡献的除了牛顿，还有华利斯（1616—1703 年）、巴罗（1630—1677 年）、泰勒（1685—1731 年）和麦克劳林（1698—1746 年）等著名数学家。

18 世纪法国的资产阶级大革命引来了法国科学的繁荣，巴黎成为当时世界学术交流的中心。在良好的学术环境中，法国的数学人才群星般出现，著名的有拉格朗日（1736—1813 年）、蒙日（1746—1818 年）、拉普拉斯（1749—1827 年）、勒让德（1752—1833 年）、卡诺（1753—1823 年）、傅立叶（1768—1830 年）、杜班（1784—1873 年）、彭色列（1788—1867 年）、柯西（1789—1857 年）、拉梅（1795—1870 年）、伽罗华（1811—1832 年）等人。他们取得的成果占当时世界重大数学成果总数的一半以上。

德国科学技术的起步比英国和法国都要晚，但在法国自1830年七月革命以后科学技术发展开始走向相对低潮的时期，德国的经济和社会变革却使它的科学技术迅速崛起，并很快超过了英国和法国。

德国在18世纪末和19世纪初比英国和法国都要落后，以手工业生产为主，几乎没有大工业，封建生产关系仍然占据统治地位，无论在经济上或政治上都很分散，没有形成一个统一的国家。它的资产阶级很弱小，不敢用革命的手段来解决资本主义与封建主义之间的矛盾。封建制度和贵族的特权严重阻碍了德国资本主义的兴起。1834年1月德意志关税同盟的实现，统一的商品市场的形成，为德国发展工业资本主义奠定了广泛的而良好基础。1843年3月革命以后，开始了德意志的资本主义发展时代。1871年统一战争的胜利，标志着近代的德国已跻身于资本主义强国之列。在这一个社会变革的时期，德国政府为了发展资本主义，采取了一系列改革措施，包括迅速普及蒸汽机的应用，以发展铁路为基础的重工业，建立行业内的联合企业和行业间的综合联合企业，保护农业和工商业等。这样，在60年代，终于使德国的经济实力赶上并超过了先进的英国和法国。

在科学研究方面，德国开创了科学研究所的科研体制，建立了各种专业的研究所，并由国家在预算中拨款作为研究经费。与此同时进行的是整顿和改革教育体制，自1800年建立了柏林大学，一种新型的高等教育体制逐渐形成，自然科学在高等学校由原来的附庸地位上升到应有的地位。在高等学校中教学和科研得到了很好的结合。从19世纪中叶开始，某些德国大学的实验室开始成为科学研究的中心，有的实际上已经成为国际科学研究中心。这些中心不仅为德国培养着新一代的科学家，而且把世界各地最具才华的青年学者吸引到这里。就这样，资本主义在德国的迅猛发展，科学技术在德国社会生活中的地位显著提高，极大地推动了德国科学技术的发展，使德国及法国之后逐渐成为世界科学活动中心。

就数学而言，首先是"欧洲数学之王"高斯（1777—1855 年），他出现在 19 世纪世界数学史的地平线上。高斯所开创的哥廷根大学的科学传统，经狄里克莱、黎曼、克莱因之手，后在希尔伯特时代得到了充分的发扬。随着高斯的出现，数学的中心从法国逐渐转移到德国。在这个科学活动中心区，仅德国数学家做出的重大成果，就占当时世界重大数学成果总数的 42％以上。除了高斯和希尔伯特，在这个时期值得提出的杰出数学家及他们的数学成就还有：麦比乌斯，拓扑学，提出著名的"麦比乌斯带"；斯泰纳，射影几何学；古德曼，函数论，推广了函数的幂级数表示法；斯陶特，射影几何学；普吕克，解析几何，建立广义等同坐标和正切坐标；雅可比，椭圆函数论，数论，线性代数，变分法和微分方程论；狄里克莱，解析数论，数学分析和位势理论；里斯丁，拓扑学，提出单侧曲面；格拉斯曼，多为欧几里的空间理论，引出矢量的数量积概念；库麦尔，理想数论；外尔斯特拉斯，实数理论，数学分析，解析函数论，变分学，微分几何和线性代数；海涅，集合论，提出著名的"有限覆盖定理"；克隆尼克，数论和椭圆函数论，提出有名的"克隆尼克代数乘积"；黎曼，黎曼几何学，数学分析，复变函数论和数论，提出著名的"黎曼猜想"；代德金，代数学，提出算术公理的完整系统；果尔丹，代数不变量理论；韦伯，函数论，建立有名的韦伯函数；施瓦尔茨，微分方程论，提出有重要应用的施瓦尔茨函数；康托尔，集合论和实数理论；邦雷格，数理逻辑；克莱因，代数方程论，椭圆函数论，自守函数论，连续群论和非欧几何，提出著名的《爱尔朗根纲领》；林德曼，函数论，证明π的超越性；龙格，解析函数的多项式逼近理论，现代计算数学的先驱者；赫尔维茨，线性结合代数；豪斯道夫，集合论，拓扑学。

　　17、18、19世纪世界上的数学大国有英国、法国、德国、意大利、俄国。"世界数学中心"在法国（主要是巴黎理工科大学的法国数学学派）。领袖人物：法国的"三L"（拉格朗日、拉普拉斯、勒让德）（主要领域：方程论、微积分、微分方程、变分法），柯西、维尔斯特拉斯（主要领域：微积分），傅立叶、泊松（主要领域：应用数学、傅立叶分析、概率统计），庞加莱（主要领域：纯粹数学与应用数学），波莱尔、勒贝格、毕卡（主要领域：函数论）等。

　　20世纪初"世界数学中心"在德国（主要是哥廷根大学的哥廷根学派）。领袖人物：德国的克莱因（哥廷根学派的组织者，以"爱尔兰根纲领"著名，用变换群统一各种几何）、希尔伯特（哥廷根学派的领袖人物，主要领域：代数、几何、分析、元数学）、闵可夫斯基（主要领域：狭义相对论的数学框架——四维几何）、柯朗（哥廷根数学研究所负责人）、外尔（主要领域：广义相对论的理论依据——规范场理论）、诺特（抽象代数的奠基人，女数学家）以及匈牙利数学家冯·诺伊曼（主要领域：纯粹数学、应用数学、计算机）、波利亚（主要领域：函数论与数学教育），捷克数学家哥德尔（数理逻辑学家）等。

20 世纪"世界数学中心"在美国的普林斯顿：哥廷根学派的大部分成员移居或避难到普林斯顿（很多人后来都加入了美国籍），像柯朗、诺特、美籍匈牙利数学家冯·诺伊曼、维纳（控制论奠基人）、法国几何学家嘉当、美籍华人微分几何之父陈省身、捷克数理逻辑学家哥德尔等。

21 世纪"数学大国"、"世界数学中心"在哪里？

20 世纪 90 年代，著名数学家陈省身曾预言："二十一世纪中国必将成为数学大国"！在华人数学界，这一预言被称为"陈省身猜想"。

第一届世界数学家大会（1897 年苏黎世，康托发起组织）到 20 世纪末已开了 23 届，却没有一次在发展中国家召开。原因是，只有数学大国或强国才有条件举办这样的会议。1993 年 5 月，丘成桐和他的老师陈省身向中央进言，希望中国申办世界数学家大会。经过努力，2002 年第 24 届世界数学家大会终于在中国召开，这是世界数学家大会历时 100 多年第一次在发展中国家举行，这是中国数学界的骄傲和光荣！


## 诺贝尔为什么没有设数学奖


著名美籍华裔科学家、中国科学院外籍院士、2002 年国际数学家大会名誉主席陈省身教授于 2002 年 8 月 22 日说："诺贝尔奖中没有设立数学奖也许是件好事，它让数学家们能够不为名利所惑，更加专心致志地进行自己的研究工作。"

所有的世界级科学奖励中，久负盛名的诺贝尔奖无疑是最高级别的奖。但是，这个为科学家所带来的荣誉可谓至高无上的奖励，却未设立数学奖。诺贝尔在他的遗嘱中决定的奖励是授予在物理、化学、生理学或医学领域做出最重要发现的科学家；另外，授予写出优秀文学作品的作者以及对世界和平事业做出杰出贡献的人。

数学是研究数量、结构、变化以及空间模型等概念的一门学科，是物理化学等自然学科的基础。如此重要的一门科学，当初为何没被诺贝尔列入其奖项呢？多年来一直是一个谜。

对于这一困扰众多人的问题，历来有三种解释。

第一种解释是：国外学者认为，这件事可能与诺贝尔的爱情受挫有关。诺贝尔有一个比他小13岁的女友，维也纳姑娘 Sophie Hess，后来诺贝尔发现她和一位数学家私下交往甚密，并一起私奔了。对于自己的女友和那位数学家私奔一事，诺贝尔一直耿耿于怀，并且大受刺激，他从此不谈婚娶，直到生命的尽头诺贝尔还是个单身汉。也可能正是这件事，让诺贝尔在临终前设立诺贝尔奖奖金的具体奖项时，毫不客气地把数学排除在外。

第二种解释是：另一些西方学者认为，诺贝尔之所以没有设立数学奖，是因为他十分讨厌一个名叫米泰莱弗勒的数学家才那么做的。米泰莱弗勒是19世纪末20世纪初瑞典一位很有影响的数学家。他于1882年创办的《艾克塔数学》期刊历经一个多世纪后，今天仍然是世界上最具权威性的数学刊物。他最终成为斯德哥尔摩学院（斯德哥尔摩大学的前身）院长。

据说诺贝尔和米泰莱弗勒两个人水火不容，当诺贝尔决心把自己的遗产拿出来设立诺贝尔奖时，心里突然想起了米泰莱弗勒。要是设置了数学奖项，第一个获奖者一定会是米泰莱弗勒，诺贝尔不想把自己辛辛苦苦设立的奖项颁给那个家伙。诺贝尔这么一想，气就不打一处来，于是就把数学奖从整个诺贝尔奖的奖项中删去了。

以上两种解释，第一种只是传闻，可信度不高。第二种呢，也不合乎常理。因为即使当时诺贝尔奖中设立数学奖，米泰莱弗勒也不是最有希望获奖的人选之一，因为他周围还有一些更有成就的数学家，如波因凯尔、希尔伯特等。

第三种解释是：诺贝尔作为 19 世纪极富天才的发明家，他的发明更多地来自于其敏锐的直觉和非凡的创造力，而不需要借助任何高等数学的知识，其数学知识可能还不超过四则运算和比例率。而那时，也就是 19 世纪的下半世纪，化学领域的研究也一般不需要高等数学，数学在化学中的应用发生在诺贝尔去世以后。诺贝尔本人根本无法预见或想象到数学在推动科学发展上所起到的巨大作用，他认为数学不是人类可以直接从中获益的科学，因此忽视了设立诺贝尔数学奖也不难理解。另一个值得注意的事实是，当时数学领域已经有了一个非常著名的斯堪的那维亚奖。既然有这个奖存在，或许诺贝尔便觉得没有必要再在诺贝尔奖中设立数学奖项。

# 中西方数学的融合

原始公社时期，私有制和货物交换产生以后，数与形的概念有了进一步的发展，仰韶文化时期出土的陶器，上面已刻有表示 1，2，3，4 的符号。到原始公社末期，已开始用文字符号取代结绳记事了。

中国从明代开始进入了封建社会的晚期，封建统治者实行极权统治，宣传唯心主义哲学，施行八股考试制度。在这种情况下，除珠算外，数学发展逐渐衰落。

16 世纪末以后，西方初等数学陆续传入中国，使中国数学研究出现一个中西融会贯通的局面；鸦片战争以后，近代数学开始传入中国，中国数学便转入一个以学习西方数学为主的时期；到 19 世纪末 20 世纪初，近代数学研究才真正开始。

从明初到明中叶，商品经济有所发展，和这种商业发展相适应的是珠算的普及。明初《魁本对相四言杂字》和《鲁班木经》的出现，说明珠算已十分流行。前者是儿童看图识字的课本，后者把算盘作为家庭必需品列入一般的木器家具手册中。

随着珠算的普及，珠算算法和口诀也逐渐趋于完善。例如王文素和程大位增加并改善"撞归"、"起一"口诀；徐心鲁和程大位增添加、减口诀并在除法中广泛应用归除，从而实现了珠算四则运算的全部口诀化；朱载堉和程大位把筹算开平方和开立方的方法应用到珠算，程大位用珠算解数字二次、三次方程等。程大位的著作在国内外流传很广，影响很大。

1582 年，意大利传教士利玛窦到中国，1607 年以后，他先后与徐光启翻译了《几何原本》前六卷、《测量法义》一卷，与李之藻编译《圜容较义》和《同文算指》。1629 年，徐光启被礼部任命督修历法，在他主持下，编译《崇祯历书》137卷。《崇祯历书》主要是介绍欧洲天文学家第谷的地心学说。作为这一学说的数学基础，希腊的几何学，欧洲玉山若干的三角学，以及纳皮尔算筹、伽利略比例规等计算工具也同时介绍进来。

在传入的数学中，影响最大的是《几何原本》。《几何原本》是中国第一部数学翻译著作，绝大部分数学名词都是首创，其中许多至今仍在沿用。徐光启认为对它"不必疑"、"不必改"，"举世无一人不当学"。《几何原本》是明清两代数学家必读的数学书，对他们的研究工作颇有影响。

其次应用最广的是三角学，介绍西方三角学的著作有《大测》、《割圆八线表》和《测量全义》。《大测》主要说明三角八线（正弦、余弦、正切、余切、正割、余割、正矢、余矢）的性质，造表方法和用表方法。《测量全义》除增加一些《大测》所缺的平面三角外，比较重要的是积化和差公式和球面三角。所有这些，在当时历法工作中都是随译随用的。

1646年，波兰传教士穆尼阁来华，跟随他学习西方科学的有薛凤祚、方中通等。穆尼阁去世后，薛凤祚据其所学，编成《历学会通》，想把中法西法融会贯通起来。《历学会通》中的数学内容主要有《比例对数表》、《比例四线新表》和《三角算法》。前两书是介绍英国数学家纳皮尔和布里格斯发明增修的对数。后一书除《崇祯历书》介绍的球面三角外，尚有半角公式、半弧公式、德氏比例式、纳氏比例式等。方中通所著《数度衍》对对数理论进行解释。对数的传入是十分重要，它在历法计算中立即就得到应用。

清初学者研究中西数学有心得而著书传世的很多，影响较大的有王锡阐《图解》、梅文鼎《梅氏丛书辑要》（其中数学著作 13 种共 40 卷）、年希尧《视学》等。梅文鼎是集中西数学之大成者。他对传统数学中的线性方程组解法、勾股形解法和高次幂求正根方法等方面进行整理和研究，使濒于枯萎的明代数学出现了生机。年希尧的《视学》是中国第一部介绍西方透视学的著作。

清康熙皇帝十分重视西方科学，他除了亲自学习天文数学外，还培养了一些人才和翻译了一些著作。1712 年康熙皇帝命梅瑴成任蒙养斋汇编官，会同陈厚耀、何国宗、明安图、杨道声等编纂天文算法书。1721 年完成《律历渊源》100 卷，以康熙"御定"的名义于 1723 年出版。其中《数理精蕴》主要由梅瑴成负责，分上下两编，上编包括《几何原本》、《算法原本》，均译自法文著作；下编包括算术、代数、平面几何、平面三角、立体几何等初等数学，附有素数表、对数表和三角函数表。由于它是一部比较全面的初等数学百科全书，并有康熙"御定"的名义，因此对当时数学研究有一定影响。

综上所述可以看到，清代数学家对西方数学做了大量的会通工作，并取得许多独创性的成果。这些成果，如和传统数学比较，是有进步的，但和同时代的西方比较则明显落后了。

雍正即位以后，对外闭关自守，导致西方科学停止输入中国，对内实行高压政策，致使一般学者既不能接触西方数学，又不敢过问经世致用之学，因而埋头于究治古籍。乾嘉年间逐渐形成一个以考据学为主的乾嘉学派。

随着《算经十书》与宋元数学著作的收集与注释，出现了一个研究传统数学的高潮。其中能突破旧有框框并有发明创造的有焦循、汪莱、李锐、李善兰等。他们的工作，和宋元时代的代数学比较是青出于蓝而胜于蓝的；和西方代数学比较，在时间上晚了一些，但这些成果是在没有受到西方近代数学的影响下独立得到的。

与传统数学研究出现高潮的同时，阮元与李锐等编写了一部天文数学家传记——《畴人传》，收集了从黄帝时期到嘉庆四年已故的天文学家和数学家 270 余人（其中有数学著作传世的不足 50 人），和明末以来介绍西方天文数学的传教士 41 人。这部著作全由"掇拾史书，荟萃群籍，甄而录之"而成，收集的完全是第一手的原始资料，在学术界颇有影响。

1840 年鸦片战争以后，西方近代数学开始传入中国。首先是英国人在上海设立墨海书馆，介绍西方数学。第二次鸦片战争后，曾国藩、李鸿章等官僚集团开展"洋务运动"，也主张介绍和学习西方数学，组织翻译了一批近代数学著作。

其中较重要的有李善兰与伟烈亚力翻译的《代数学》、《代微积拾级》；华蘅芳与英人傅兰雅合译的《代数术》、《微积溯源》、《决疑数学》；邹立文与狄考文编译的《形学备旨》、《代数备旨》、《笔算数学》；谢洪赉与潘慎文合译的《代形合参》、《八线备旨》等。

《代微积拾级》是中国第一部微积分学译本；《代数学》是英国数学家德·摩根所著的符号代数学译本；《决疑数学》是第一部概率论译本。在这些译著中，创造了许多数学名词和术语，至今还在应用，但所用的数学符号一般已被淘汰了。戊戌变法以后，各地兴办学校，上述一些著作便成为主要教科书。

在翻译西方数学著作的同时，中国学者也进行一些研究，写出一些著作，较重要的有李善兰的《尖锥变法解》、《考数根法》；夏弯翔的《洞方术图解》、《致曲术》、《致曲图解》等，都是会通中西学术思想的研究成果。

由于输入的近代数学需要一个消化吸收的过程，加上清末统治者十分腐败，在太平天国运动的冲击下，在帝国主义列强的掠夺下，焦头烂额，无暇顾及数学研究。直到1919年五四运动以后，中国近代数学的研究才真正开始。

## 数学奇才华罗庚

1930年的一天，清华大学数学系主任熊庆来，坐在办公室里看一本《科学》杂志。看着看着，不禁拍案叫绝："这个华罗庚是哪国留学生？"周围的人摇摇头，"他是在哪个大学教书的？"人们面面相觑。最后还是一位江苏籍的教员想了好一会儿，才慢吞吞地说："我弟弟有个同乡叫华罗庚，他哪里教过什么大学啊！他只念过初中，听说是在金坛中学当事务员。"

熊庆来惊奇不已，一个初中毕业的人，能写出这样高深的数学论文，必是奇才。他当即做出决定，将华罗庚请到清华大学来。从此，华罗庚就成为清华大学数学系的一名助理员。在这里，他如鱼得水，每天都游弋在数学的海洋里，只给自己留下五六个小时的睡眠时间。说起来让人很难相信，华罗庚甚至养成了熄灯之后，也能看书的习惯。他当然没有什么特异功能，只是头脑中的一种逻辑思维活动。他在灯下拿来一本书，看着题目思考一会儿，然后熄灯躺在床上，闭目静思，开始在头脑中做题。碰到难处，再翻身下床，打开书看一会儿。就这样，一本需要十天半个月才能看完的书，他一两夜就看完了。华罗庚被人们看成是不寻常的助理员。

第二年，他的论文开始在国外著名的数学杂志陆续发表。清华大学破了先例，决定把只有初中学历的华罗庚提升为助教。

几年之后，华罗庚被保送到英国剑桥大学留学。可是他不愿读博士学位，只求做个访问学者。因为做访问学者可以冲破束缚，同时攻读七八门学科。他说："我到英国，是为了求学问，不是为了得学位的。"

华罗庚没有拿到博士学位。在剑桥的两年内，他写了20篇论文。论水平，每一篇都可以拿到一个博士学位。其中一篇关于"塔内问题"的研究，他提出的理论被数学界命名为"华氏定理"。

华罗庚以一种热爱科学、勤奋学习、不求名利的精神，献身于他所热爱的数学研究事业。他抛弃了世人所追求的金钱、名利、地位。最终，他的事业成功了。


## 欧几里得的故事

说出来也许会使你感到惊奇：今天你所读的几何课本中的大部分内容，来自2200多年前的《几何原本》（又称《几何学原理》）。这本书的作者，便是被誉为"几何学之父"的古希腊著名数学家欧几里得。欧几里得是第一个把几何学系统化、条理化、科学化的人。

欧几里得出生于雅典，接受了希腊古典数学及各种科学文化，30岁就成了有名的学者。应当时埃及国王的邀请，他客居亚历山大城，一边教学，一边从事研究。

古希腊的数学研究有着十分悠久的历史，曾经出过一些几何学著作，但都是讨论某一方面的问题，内容不够系统。欧几里得汇集了前人的成果，采用前所未有的独特编写方式，先提出定义、公理、公设，然后由简到繁地证明了一系列定理，讨论了平面图形和立体图形，还讨论了整数、分数、比例等，终于完成了《几何原本》这部巨著。

《原本》问世后，它的手抄本流传了1800多年。1482年印刷发行以后，重版了大约1000版次，还被译为世界各主要语种。13世纪时曾传入中国，但是不久就失传了，1607年我国又重新翻译了前六卷，1857年又翻译了后九卷。

欧几里得是位温良敦厚的教育家，也是一位治学严谨的学者，他反对在做学问时投机取巧和追求名利，急功近利的作风。

那时候，人们建造了高大的金字塔，可是谁也不知道金字塔究竟有多高。有人这么说："要想测量金字塔有多高，比登天还难！"

这话传到欧几里得的耳朵里。他笑着告诉别人："这有什么难的呢？当你的影子跟你的身体一样长的时候，你去量一下金字塔的影子多长，那长度便等于金字塔的高度！"

欧几里得的名声越来越大，以致连亚历山大国王也想学点几何学。于是，国王便把欧几里得请进王宫，讲授几何学。谁知刚学了一点，国王就显得很不耐烦，觉得太吃力了。国王问欧几里得："学习几何学，有没有简单一点的途径，一学就会？"

欧几里得笑道："陛下，很抱歉，在学习科学的时候，国王与普通百姓是一样的。科学上没有专供国王行走的捷径。学习几何，人人都要独立思考。就像种庄稼一样，不耕耘，就不会有收获。"

前来拜欧几里得为师的人越来越多。有的人是来凑热闹的，看到别人学几何，他也学几何。一位学生曾这样问欧几里得："老师，学习几何会使我得到什么好处？"欧几里得思索了一下，请仆人拿点钱给这位学生，冷冷地说道："看来，你拿不到钱，是不肯学习几何学的！"

## 数学大师苏步青

苏步青（1902—2003 年），中国科学院院士，中国杰出的数学家，被誉为"数学之王"，主要从事微分几何学和计算几何学等方面的研究。

苏步青自 1931 年 3 月应著名数学家陈建功之约，载着日本东北大学的理学博士荣誉回国，受聘于浙江大学，先后任数学系副教授、教授、系主任、训导长和教务长。至 1952 年 10 月，因全国高校院系调整，他到了上海复旦大学数学系任教授、系主任，后任教务长、副校长和校长。他曾任多届全国政协委员、全国人大代表，以及第七、第八届全国政协副主席和民盟中央副主席等职。

回望苏步青的百年人生路，也是崎岖坎坷，故事多多，今选几则以慰读者。

（一）故事一

1902 年 9 月 23 日，那是一个普通的日子，可对祖辈从福建同安逃荒到浙江平阳带溪村的苏祖善家来说，那是一件难得的大喜、大吉的日子。苏祖善家添了一丁，夫妻俩笑得合不拢嘴，终于有了世代务农的"接班人"。可苏祖善夫妻俩从未上过学，尝够没有文化的苦，望子成龙心切，于是给儿子取"步青"为名，认为以"步青"为名，将来定可"平步青云，光宗耀祖"。

名字毕竟不是"功名利禄"的天梯。正当同龄人纷纷背起书包上学的时候，苏祖善交给儿子的却是一条牛鞭。从此，苏步青头戴一顶父亲编的大竹笠，身穿一套母亲手缝的粗布衣，赤脚骑上牛背，鞭子一挥，来到卧牛山下，带溪溪边。苏步青家养的是头大水牛，膘壮力大，从不把又矮又小的牧牛娃放在眼里。有一次，水牛脾气一上来，又奔又跑，把苏步青摔在刚刚砍过竹子的竹园里。还好他跌在几根竹根中间，未有皮肉之苦，逃过一劫。

放牛回家，苏步青走过村私塾门口，常被琅琅的书声所吸引。有一次，老师正大声念："苏老泉，二十七，始发愤，读书籍。"他听后，就跟着念了几遍。此后，他竟记住了顺口溜，放牛时当山歌唱。

苏祖善常听儿子背《三字经》、《百家姓》，心存疑惑。有一次，正好看见儿子在私塾门口"偷听"，为父的心终于动了，夫妻一合计，决定勒紧裤带，把苏步青送进了私塾。

（二）故事二

9 岁那年，苏步青的父亲挑上一担米当学费，走了 50 千米山路，送苏步青到平阳县城，当了一名高小的插班生。从山里到县城，苏步青大开眼界，看什么东西都新奇。他第一次看到馒头里有肉末，常用饭票换成钱买"肉馒头"吃。一个月的饭票提早用完了，只好饿肚子。他见到烧开水的老虎灶，也觉得好玩，把家里带来的鸡蛋掷进锅里，一锅开水变成一锅蛋花汤，烧水工看到气极了，揪住他打了一顿。

苏步青整天玩呀、闹呀，考试时常坐"红交椅"，到期末考试，他在班里得了倒数第一名。可是，他的作文写得还不错，私塾里的"偷听"，激发了他学习语文的兴趣，为写作文打了一点基础。然而，语文老师越看越不相信，总认为苏步青的作文是抄来的。因此还是批给他一个很低的分数。这样，更激发了他的牛脾气，老师越说他不好，他越不好好学，一连三个学期，都是倒数第一名。同学和老师都说他是"笨蛋"。

有一次，地理老师陈玉峰把苏步青叫到办公室，给他讲了一个小故事："牛顿 12 岁的时候，从农村小学转到城里念书，成绩不好，同学们都瞧不起他。有一次，一个同学蛮横无理地欺负他，一脚踢在他的肚子上，他疼得直打滚。那个同学身体比他棒，功课比他好，牛顿平时很怕他。但这时牛顿忍无可忍，跳起来还击，把那个同学逼到墙角。那同学见牛顿发起怒来如此勇猛，只好屈服。牛顿从这件事想到做学问的道理也不过如此：只要下定决心，就能把它制服。他发愤图强，努力学习，不久成绩跃居全班第一，后来成了一位伟大的科学家。"

苏步青见陈老师不批评他，还给他讲故事，心里很感激。陈老师见他垂着头，摸摸他的头说："我看你这个孩子挺聪明嘛，只要肯努力，一定可以考第一名。"又说："你爸爸、妈妈累死累活，省吃俭用，希望你把书念好。像你现在这样子，将来拿什么来报答他们？"苏步青再也抑制不住自己的情绪，泪水像断线的珍珠淌在自己的胸前，第一次感到自己做错了事。此后，他变成了懂事的孩子，不再贪玩，刻苦读书，到期末考试得了全班第一名。

（三）故事三

温州的浙江省立第 10 中学的一堂数学课，把苏步青引向通往数学王国的路。从日本留学回温州的杨老师在上数学课时，带着忧国忧民的真情说："当今世界，弱肉强食。世界列强仰仗船坚炮利，对我国豆剖瓜分，鲸吞蚕食。中华民族亡国灭种的危险迫在眉睫。为了救亡图存，必须振兴科学。数学是科学的开路先锋，为了发展科学，必须学习好数学。"杨老师的话，打动了苏步青的心。从此，他的兴趣从文学向数学转移。有一次，苏步青用 20 种不同的方法证明了一条几何定理。校长洪泯初得知后，把苏步青叫到办公室，拍着他的肩膀说："好好学习，将来送你留学。"到苏步青中学毕业时，洪校长已调到北京教育部任职，但他仍关心苏步青的学习，寄来了 200 元资助苏步青留学。

1919 年，17 岁的苏步青买了一张去日本的船票，余 170 元钱要维持 3 个月的生活，实在很艰难。他每天只能吃两餐饭，无钱请日语老师，只好拜房东大娘为师。最后他用流利的日语回答了主考官的提问，以第一名的成绩进入名牌学校——东京高等工业学校电机系。1924 年，他又以第一名的成绩考入日本东北大学数学系，师从著名几何学家洼田忠彦教授。1927 年，大学毕业后，他又在课余卖报、送牛奶、当杂志校对和家庭老师，用所挣得的钱做学费，免试升入该校研究生院做研究生。并以坚强的意志，刻苦攻读，接连发表了 41 篇仿射微分几何和射影微分几何方面的研究论文，开辟了微分几何研究的新领域，被数学界称作"东方国度上升起的灿烂的数学明星"。1931 年 3 月，他以优异的成绩荣获该校理学博士学位，成了继陈建功之后获得本学位的第二个外国人。此后，国内外的聘书像雪片似的飞来，苏步青一一谢绝。因为两年前陈建功获理学博士学位时，曾约苏步青到条件较差的浙江大学去。苏步青说："你先去，我毕业后再来。让我们花上 20 年时间，把浙大数学系办成世界一流的数学系……"

走上工作岗位后，苏步青在科研和教学上取得了令世人叹服的光辉业绩，除做研究生时发现的四次（三阶）代数锥面，被学术界誉称为"苏锥面"外，后在"射影曲线论"、"射影曲面论"、"高维射影空间共轭网理论"、"一般空间微分几何学"和"计算几何"等方面都取得世界同行公认的成就，特别在著名的戈德序列中的第二个伴随二次曲面被国内外同行称为"苏的二次曲面"。他还证明了闭拉普拉斯序列和构造（T4），被世界学术界誉称为"苏（步青）链"。因此，德国著名数学家布拉须凯称苏步青是"东方第一个几何学家"，欧美、日本的数学家称他和同事们为"浙大学派"。的确，自 1931 年到 1952 年间，苏步青培养了近 100 名学生，在国内 10 多所著名高校中任正副系主任的就有 25 位，有 5

人被选为中国科学院院士，连新中国成立后培养的 3 名院士，共有 8 名院士学生。在复旦数学研究所，苏步青更有谷超豪、胡和生和李大潜高足，形成了三代四位院士共事的罕见可喜现象。

（四）故事四

"七七"事变后，浙江大学被迫西迁。在这国难当头，举校西迁时，苏步青接到一封加急电报：岳父松本先生病危，要苏步青夫妇去日本仙台见最后一面。苏步青把电报交给妻子说："……你去吧，我要留在自己的祖国。"苏步青妻子苏松本说："我跟着你走。"但因妻子刚分娩不久，不能随行内迁，苏步青把妻子送往平阳乡下避难，直到 1940 年暑假，由竺可桢校长特批一笔路费，才将妻子和女儿接到湄潭。

在湄潭的日子里，生活极其艰苦，大学教授靠工资也难以糊口。苏步青买了一把锄头，每天下班回家或休息日，就开荒种菜，有一次，湄潭菜馆蔬菜供不应求，就从苏步青菜地里要去几筐花菜。还有一天傍晚，竺校长来到他住的破庙前，看见苏步青正挑水种菜，苏松本背着儿子烧饭。细心的竺校长见锅里全是萝卜、地瓜干，就问苏步青。苏步青解释说："我家孩子多，薪水全拿来买米也不够吃。地瓜干蘸盐巴，我们已吃了几个月了。"竺可桢惊愕了，于是，他特许苏步青两个读中学的儿子，破例吃在学校、住在家里（因为苏家拿不出被褥）的特殊待遇。

生活上的困难每况愈下，苏步青的一个小儿子因营养不良，出世不久就去世了。苏步青把他埋在湄潭的山上，在小石碑上刻着"苏婴之冢"几个字。然而，生活上的困难吓不倒有意志、有毅力的人，浙大的教学和科研依然有条不紊地进行着。苏步青也是带着困难走上讲台的。当他回身在黑板上画几何图形时，学生们就会议论苏老师衣服上的"三角形、梯形……"的补丁，还有屁股上的"螺旋形曲线"！晚上，苏步青把桐油灯放在破庙的香案上写教材，终于用自己坚忍不拔的意志完成了《射影曲线概论》一书。1994年夏，笔者有幸在青岩看到苏步青迁徙途中住过的小庙，一种崇敬之情油然而生，令人难以忘怀。

（五）故事五

1972年12月7日，苏步青的学生、著名数学家张素诚，因《数学学报》复刊之需，拜访各地数学家，到上海理应拜访苏老师，没想到苏老所赐的《射影几何概论》（英文版）一书上，别开生面在扉页题了一首诗：

三十年前在贵州，

曾因奇异点生愁，

如今老去申江日，

喜见故人争上游。

这不仅打破常人的题诗俗话，把师生之情和盘托出，又足可看出苏老诗艺的高超，文学功底的深厚了。

许多人都知道苏步青是数学大师，却不知道他还是位文学大师、写作大家和诗人。他从小酷爱古诗文，13岁学写诗。读初小时常骑在牛背上诵读《千家诗》等。几十年来，他与诗为伴，与诗书同行，每次出差，提包里总放一两本诗集，如《杜甫诗选》等。苏步青不仅读诗，更有作诗兴趣，几十年笔耕不辍，写了近千首诗作。在他96岁高龄时，北京群言出版社出版了《苏步青业余诗词钞》，共收近体诗444

首，词 60 首，由苏老手写影印，其中 1931 年至 1949 年早期作品 191 首，内有词 47 首。从中我们可以领略苏老 60 年间的学术生涯和诗书技艺折射的光芒，富有时代气息，给人以诸多的启迪。

回想浙江大学内迁湄潭时期，他和数学大师钱宝琮等创设湄潭吟社，在生活极度困难下，自费出版了《湄潭吟社诗存第一辑》，内收各家诗词约 100 首。在国难当头的日子里，诗人们品茶吟诗，或切磋教义，或评论时局，其忧国思乡，愤世嫉俗之情常流露于笔端。

1944 年，苏步青以"游七七亭"为诗题作一诗：

单衣攀路径，一杖过灯汀。

护路双双树，临江七七亭。

客因远游老，山是故乡青。

北望能无泪，中原战血腥。

这是苏步青以物寄情，对家乡沦陷和祖国山河破碎的怀念和人民奋起抗战的歌颂，爱国忧世之情自心中汩汩流出。

苏步青的诗艺高超，令人叹为观止。他的诗意境高远，笔调清新，常用典故，富有哲理。

读了苏步青的许多诗，不仅使人感到苏老常对后学谆谆教导"金字塔"般基础之重要，文理相通之亮点。他几十年如一日，巧用自称"零头布"（零碎时间）来学习和研究，这些永留人间的好诗词，不就是苏步青充分利用零碎时间的佐证吗？